你不要只在朋友圈里过得好

苏今 —— 著

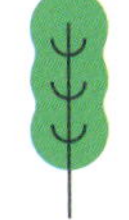

中国华侨出版社

序　言

朋友圈，也是一处“江湖”。

作为一款社交软件，身处一个公共空间，每个人刷自己的屏，记录自己的生活状态，各过各的人生，顶多走过路过点个赞。但如果仅仅如此，哪里还是“江湖”，君不知，这里已经成为微商的战场、八卦的聚集地。

人人都有剪刀手，但是剪刀手与剪刀手差别大了。颜值几何？手上戒指是多少克拉？头顶哪个国家的蓝天白云？配上了什么层次的鸡汤文？还是几星级餐厅的鸡汤？

我们渐渐发现，在朋友圈里，多的是人中龙凤，每天刷一刷，保准自卑崩溃。人家过的都什么日子，整日吃喝玩乐，行走四方，还个个保养得宜。低头看看自己的日子，没法过下去。

我们羡慕着别人，唾弃着自己。一旦遇到了可以秀的时刻，我们也绝不藏着掖着，摆好造型配好文字，华丽出镜。终于也扬眉吐气了一把，成为别人眼中羡慕的对象。

日子久了，我们或许困惑了，朋友圈里，究竟哪些是真实的美好，哪些是虚假的蜡像？而我们所追逐的诗与远方，若仅仅摆拍在那一张张可怜的照片里，多么悲凉。

羡慕是空的，行动才是充实的。那些你想要得到的人生，背后是隐忍与辛苦，靠近的唯一途径，就是努力与奋斗。

我们选择一部分光鲜亮丽的生活碎片展示在众人面前，它们遮蔽着我们的懒惰、挫折、失败，支撑着我们脆弱的自尊。

可是，人生不只活在别人眼中。好的生活是一种体验，而不是一堆评论。与其羡慕别人的生活、在意别人的目光，还不如畅畅快快地去努力。

我们的眼界与生活，都不该只是朋友圈那样狭窄。

我们可以看更远的天空，追更美的梦。

我们可以认真检视自己的生活，重新找到热血的沸点。

我们可以珍惜更真实的情感，珍视镜头之外的微笑与拥抱。

我们可以不必再比较，找到真正想要的人生。

生活有那么多的美好，不要只在朋友圈里过得好。

目 录
Contents

第一章　我们总是一边羡慕着别人，一边唾弃着自己

每个朋友圈里都有一个默默点赞的女孩　003
那些吃喝玩乐的人生赢家　010
一切美好都是需要用心经营的　018

第二章　你是不是仅仅只是表面过得好

光鲜背后的泪水　029
只演给一个人看的独角戏　035
你的岁月静好，是有人负重前行　043
不能说的秘密　050

第三章　对自己不满意，日子就会过得永远不如人意

每个人都有需要跨出的步伐　057
那些从不相信的和一直坚信的　062
爱面子的人，通常都没什么面子　069
逃离现实 30 天　076

第四章 世界是自己的，与他人无关

A 面 B 面 087

每个人都理解你，你得普通成什么样子 093

人生只需刚刚好 101

炫耀什么，就缺失什么 109

第五章 拥抱简单的幸福，丢掉复杂的快乐

不是所有的故事都能留在原点 119

旅行的意义 124

说不出口的爱 129

围城内外 135

第六章 整理身边的关系，留下值得珍爱的人

每个人都会感到孤独 145

挥别错的，才能和对的相逢 152

有些相见，不如怀念 157

谁的人生没有春夏秋冬 164

第七章 你的努力，要配得上表面的光鲜

其实没有谁活得容易 173
当我们隔着朋友圈相互羡慕 180
生命在于自在 188

第八章 愿你的世界，还有向往的诗和远方

站在原地，向前看 199
找自己 206
记录生活中的美好 213

第九章 别让朋友圈限制了你的格局

遗失的心 223
爱，自由与梦想 230
世界大于朋友圈 239

后 记

第一章

我们总是一边羡慕着别人，一边唾弃着自己

每个朋友圈里
都有一个默默点赞的女孩

一

中国人喜欢扎堆儿，互联网时代更是这样。

王健林在与别人聊天的时候随口说了两句心里话，没想到截图就在朋友圈疯传了好几天。要知道，自从王思聪混“江湖”开始，在互联网这块阵地上，老爹可很少抢过儿子的风头。

作为一名记者，严琥不用想也知道，这一定是断章取义。

老人家无心的两句话，击中了几亿人民的痛点，演变为互联网热点。

翻看了一下当时的采访视频，果然如此，人家讲那个话，是有特定语境的。

看着朋友圈刷屏一样的浪潮，严琥心想，你们终于明白我的感受了吧。

严琥的工作，就是采访企业家。

这种心理上的碾压，她早就习惯了。

有一次，她采访一位地产大亨，还不是我们经常能在媒体上看到名字的几位。她和公司的车，在人家的宅院里几乎迷了路。

有一次，她去了一位女企业家的家里，两个女人边喝茶边聊天，但她一点儿也不轻松，喝茶时两只手小心翼翼地捧着杯子。不是她不懂得饮茶礼仪，而是她真怕摔了杯子，那可是明朝的文物。

还有一次，采访结束，企业家的助理送她出门，正遇见企业家的小女儿也要出去。女孩穿了一件特别好看的裙子，玫红色。她听见助理叮嘱司机：“出行时选一辆玫红色的车。”

……

自从做了这份工作，严琥觉得，朋友圈就是她信心的粉碎机。

这都来自残酷的比较。

比如她刷着刷着就会发现，原来有人在世界各地设“行宫”，根据气候变化去居住；原来有人给保姆每个季度发三套衣服，牌子是她舍不得买的那种；原来最酷的不是“说走就走的旅行”，而是“说走就走的胃口”，比如忽然想吃北海道的螃蟹，就带全家坐私人飞机去吃。

总之，只有你想不到，没有人家做不到。

如果都是虚伪的炫耀，那也就罢了。

可严琥发现，其实所有差距都是无意间的流露。

他们不仅有钱，也通常蛮有素养。

孩子接受着最好的教育，从言谈到着装，都带着满满的气质。

严琥觉得，不小心混在这种朋友圈里，只有默默点赞的份。

虽然有人说，看一个人的朋友圈可以看出他的层次。她不认同，“刘姥姥进了大观园，还是刘姥姥”。

这样说有点自暴自弃。可是她真心觉得，那些镜花水月，跟自己其实毫无关联。

周围的人评价严琥，是个“没气氛的人”。

她还挺认同的。坦诚说确实有些无趣，自己也嫌弃自己。

聚餐的时候，如果围成一圈，她坐在哪里，哪里就是北极。

刚做记者的时候，大家都觉得她疯了。

但严琥觉得，工作与私人生活不同，记者的重点也不是自己滔滔不绝，而是让别人滔滔不绝。给她一个主题，外加足够的准备时间，她可以为对方打开更多闸门，挖掘出更多内容。

严琥做到了。

不愧做了那么多年学霸，神龙见首不见尾的学霸。

之所以这么说，是因为在严琥的学习生涯里，她很多时间都在半工半读。

高中时，辍学一年，赚够了学费才读高三，参加高考。

大学时，每天在熄灯关寝之前跑回宿舍。

事实上，除了宿舍的同学，很多人不太认识严琥。但是认得这个名字，因为它总是在成绩榜第一名的位置上。

在麻辣烫店里打工就打了两年，每天吃的也是麻辣烫。

很多人都以为她应该吃吐了，但是直到现在，她偶尔还是想念那个味道。

或许，因为那是她最苦，但也是最快乐的时光。

有一些人，毕业了就失落。

严琥就是。

因为他们从小到大奋斗的目标都是：好成绩。

但是毕业以后没这个机会了。社会这个大考场，从来不按常理出题，也没有什么学习范围。

学霸的意义，只存在于很多人考同一张试卷的时候。

工作带给她的成就感，也有那么一些。

她喜欢写作。

虽然记者与写作并不相同，但也还好。

薪水也不错，可以邮寄给父母和弟弟一些，剩下的自己存起来。

可能她唯一的乐趣是攒钱。

拥有一件衣服，她获得不了快感。出去旅行，她会因为负罪感无法放松。她为别人的生活点赞，但丝毫不想复制。她还是喜欢看着银行账户里的数字，上升，进位。

真无聊，一点也不精彩。

但是她心里会有一种莫名的安全感。

硬着头皮去相亲，是严琥被迫无奈的选择。

领导给介绍的，实在不好意思推掉。

推开餐厅大门的那一瞬间，她觉得很疲惫。

她希望对方是个安静的人，最好谁也别说话，吃完饭就走，AA 制，谁也别欠谁的。

互相介绍之后，对方确实沉默了一会儿，就是看着她。

严琥感到很不自在。

她讨厌相亲，因为往往没什么说的。

聊音乐，聊艺术？

抱歉，我严琥的青春都献给了考试和麻辣烫。

聊自己的生活？

过去太沉重，现在太无聊。所以……都不值一提。

引导对方聊他的生活？

拜托，下班了也要工作吗？

抱着这样的心态，严琥仅有的几次相亲，都以失败告终。

一顿饭，像一个世纪那么漫长。

“其实我之所以来，就是想看看当年的学霸现在好不好。”

男方开口。

这句话很有效果，严琥诧异地看着他，“你是……”

“我是你的大学同学。”

晕，看来装聋作哑这招得收回了。

高山岩是严琥的大学同学。

但他经常能看见她，因为当时的女朋友爱吃麻辣烫。

他从没见过一个女孩那样能吃苦。

没什么废话，干起活来干净利落。一有空闲，就挤到角落的桌子边上，背单词，看专业书。

她的名字一直在第一名的位置。

其实大学里没那么多人在意成绩，但他发自内心佩服她。

他认为这样的人，其实是无所不能的。

毕业后，他与女朋友因性格不合而分手。

他开始创业，一张设计图，每个细节都要苛求到完美，每天晚睡早起。他觉得，这样的人生才充实。

小有成就，家里人介绍了不少女朋友。

但他总觉得谈不来。

直到他听到“严琥”的名字。

严琥对他毫无印象。

但共同的回忆，让他们滔滔不绝。

他真诚地对她说，在创业最艰难的日子里，他总是莫名地想起大学时候她劳模一样的身影。

她说，是啊是啊，我也好怀念。其实我反而羡慕你，因为真的好久，没有感受那种拼搏的酣畅淋漓了。

北极变成了赤道。

西餐厅，仿佛变成了当年的麻辣烫小店。

四

一个人的悲哀，是从羡慕别人开始的。

一个人的幸福，是从意识到自己的价值开始的。

汹涌而来的记忆，一个旧日故事的穿行者，让严琥感受到某种力量在回到她的身上。

她想像他一样。

为自己热爱的事情努力。

是的，热爱，无关其他。

记者不用坐班，空闲不少。

她注册了自己的新媒体账户，开始写文章。

不写八卦，不追热点。

第一篇，就是写儿时那个小小的村子。

有人劝她，这是内容创业的大忌，选题怎么可以没有话题新闻度。

她笑，但还是坚持。

曾经以为自己是个没有倾诉欲望的人，不需要自我表达的人。

现在想想，其实是没有找到那个痛点。

她依旧会在朋友圈里给别人点点赞，而她的文章，也渐渐收获了更多的赞。

八卦往往转瞬即逝，热点常常还没焐热就草草收场。

可每个人心里，都有一段记忆、一个故乡。故乡里的人，不懂名牌包与出境游，可只要想起他们的脸，你总会感受到一些酸涩。

严琥的文章，不华丽不做作。它们不迎合，却带着最原始的张力，撕开了人们心里的那一道裂口。

她开始拥有自己的粉丝，组建了小有规模的自媒体团队。

高山岩说，他是粉丝的始祖，所以最有眼光。

说话时，手自然地搭在了她的肩膀上。

“我要不要放弃现在的岗位？”严琥问。

“如果不可兼顾，就选择内心最喜欢的。”高山岩给出建议。

严琥还是坚持在原来的岗位做了半年。

别人的财富与光鲜，不再是她自信的粉碎机，而是大量生动故事的采样来源。

世上没有无缘无故的成功。

美好都伴随着汗水，拥有都意味着牺牲。

半年后，她交了辞职报告。

领导笑着说，“我早知道会有这么一天，其实我也经常给你的文章点赞，小姑娘祝你成功，结婚记得通知我。”

她带着感恩与依恋，走出那栋大楼。

手机“叮”的一声。

“小严，很喜欢你的自媒体，关注了很久，如果你需要，我可以做你的天使投资人。回头让助理打电话约你。”

微信消息，来自她曾经的采访对象。

你看，微信朋友圈的镜花水月，既不是生活的竞品，也不是可有可无的风景。

有可能，是真实的滚滚红尘。

那一天，严琥在文章中写道：

每个朋友圈里都有一个默默点赞的女孩。

其实她们可以试着，先为自己的生活点个赞。

那些吃喝玩乐的人生赢家

一

雨季是在悄无声息之中降落到这座城市的。

没有人能确切地说出这一切是从何时开始，哪怕最权威的气象学家也不能给出一个具体的时间。人们知道的只是，当他们开始感受到空气中的湿漉漉时，雨季早已经张开它无所不在的怀抱，将这座城市紧紧拥入怀中。

而当人们有所知觉，才发现周遭的所有，从内到外，都已经浸入这场绵长的雨季之中，想要逃开却早已来不及。

更多的人连最简单的反应都略去了，他们甚至感应不到这雨季的存在，事实上，他们感应不到这世界的任何变化，他们过度忙碌在自己的人生里，以致失去了对外界事物的感知。

但外界的事物仍在不知不觉中影响着他们，所以尽管并没有意识到雨季的到来，他们的内心却早已不知不觉地变得湿漉漉、沉甸甸了。

江南的雨季总饱含着一种温柔的韵味，但同时又带有不容拒绝的强势，虽然悄悄然，但无孔不入，无坚不摧；虽柔软缓慢，却能将岩石最深处的裂缝也润透了。细雨打在天地之间，打在房屋顶上，打在闪烁着炫目七彩的霓虹上，打在咖啡店的落地玻璃窗上。

雨并不大，江南的雨永远是这样柔柔弱弱的，当雨点敲打在玻璃窗面时，会发出清脆悦耳的敲击声，这声音微小但琐碎，在这样的节奏下，映衬着咖啡店内的轻音乐，能带来一种别具一格的风味。

这样的日子更加适合谈一场恋爱，或者与恋爱无关，谈一场能愉悦人身心的情感关系，或者是与人就一个优雅具备深度的作品进行交谈，总之，这种日子最不适合谈工作、谈交易。

“投资这个项目一定能赚大钱，你也看到我们之前的业绩了，机会难得，错过了您可就找不到了。”

赵小天说这话的时候，态度显得得意扬扬，就如同一个无往不胜的英俊骑士。

坐在他对面的是两个年纪稍大的中年人，一个头发白了一半，穿着低调；另一个打扮得干净利落，双眼如同鹰眼一般充满警觉。

而赵小天，他穿着价格不菲的西装，他的头发梳得一丝不苟，他的神态和谈吐也都能显露出他的良好修养。单从外表上，人们可以轻易得出他是一个受到过良好教育并且出身富贵的优秀才子。

当然，这个世界早已变得诡诈多端，你很难通过外表来简单判断一个人，正因为这样，越来越多的人变得多疑，变得无法相信其他人。

但白纸黑字的文件总是值得相信的，当赵小天把手里的文件一份又一份呈现在对面的人面前时，他们的态度也渐渐从一开始的保持警惕而变得好奇。

赵小天神态自若。

他完全没有任何理由不自信，至今为止，他还没有真正意义上地失败过，哪怕遭到拒绝，他也能很快让对方为其拒绝的行径而后悔不已。

赵小天是个很漂亮的年轻人，这往往能为他在谈判中带来更多的好处，不论承认与否，人们总是更容易相信一个容貌姣好的人。

“所以，你愿意做这一切的担保人？”

“当然，”赵小天微笑，“一切责任都由我来承担。”

对方放下了最后一道防线。

一份合同就这样产生了，就如同之前的任何一份那样，简单利落。

当赵小天在合同上签上他的名字时，他并没有意识到这是一份多么沉甸甸的负担，当然，他已经签过许多份合同，至今为止还未出现过任何问题。

况且即便真的出现了问题，就如同他背后那个真正的老板所说，他也不需要为此承担什么，因为这合同内有许多微妙的条款，能让他逃开所有追责。

他并不是骗子，他背后的金融集团是真实存在的东西，但就如同一些经济学家所说，在经济往来中总是隐藏着各种各样的诡诈术，所以也不能完全说他就不是骗子。

赵小天拿起合同，当走出咖啡店时，他撑起了手里的黑色雨伞，将自己送入这场绵绵的雨季之中。而当这柄黑伞带着他来到街道的中央时，他已经与这城市里的所有人一样，被这场绵长的雨季吞没了。

雨季，与其说是一段时令，不如说是一种心情。

赵小天早已想不起来一年前的此时此刻天空是否在飘雨，他忙于手头的生意，无暇顾及天空的情绪。

但颇为讽刺的是，那时候对天气的讨论却是每天都无法避开的一桩行为。

“这天真不错，您这身衣服真漂亮。”“今天天气不好，您是坐车来的？”“这天真阴，可能过会儿就得下雨了。”……

有些话，说得多了，就会变得毫无感情，当这话被说出来时，也仅仅是说出来罢了，它只是用来让空气在人与人之间流动起来，至于话内的真正含义早已变得不重要。

所以赵小天不论如何也记不起来，当他遇到宋老板时，那天究竟是个大晴天，还是飘着雨。

他只记得宋老板那天心情不错，他来鞋店里想要定制一双牛津鞋，当时赵小天刚好在给一双鞋钉鞋钉，宋老板来到他面前，问他在店里做多久了。

“我吗？大概三年了，之前做了一年学徒。”

“想没想过不做鞋匠，做点别的有意义的事情？”

赵小天看着宋老板，眨了眨眼睛。

他还记得那一天宋老板的模样，像是一头刚刚饱餐一顿的猎豹，正悠哉地散步在丛林之间，向所有的弱小生物炫耀它的赫赫战功。

“没想过，”赵小天回答，“这个就挺有意义，而且我也不会做别的。”

“我可以教你。”宋老板又说。

那时候赵小天觉得眼前这个人一定是脑子不好，莫名其妙要来教他东西，也不问问他是不是想学。

但当时宋老板的神情和态度让赵小天又做不到直接顶回去。

他鬼使神差般问宋老板："你能教我什么？"

"教你有趣的东西，你想想看，你在这里一年能赚到多少钱？我能让你赚十倍往上，甚至更多。你在这里，每天穿着廉价的夹克，被人呼来喝去，但是我能让你穿上最名贵的衣服，出入有专车。"

如果在平时，赵小天一定会觉得宋老板疯了。

但不知道是天气的原因，还是宋老板眼里的光芒将赵小天给照晕了，赵小天睁大了眼睛，问宋老板："你说的是真的？"

"你需要做的就是要完全按我说的做，要听话，最重要的就是听话。"

"我会听话。"

"明天你到这家咖啡店来，我带你见一个人。"

宋老板给了赵小天一个地址，赵小天收下了。

如果那时候赵小天能找个人来问一问，对方一定会告诉他这是一场骗局，没准是什么传销组织在招募新人。可赵小天并没有问任何人，他只是悄悄收起了那个地址，像保存一颗意外在街边捡到的宝石那样把这个地址保存起来。

后来，当赵小天回想起那一天，他觉得当时自己一定是因为对生活太过绝望，才会对这个看起来完全不靠谱的事情产生了期待。

他连高中都没毕业，年纪轻轻就去鞋店里做学徒，出师后一直在店内帮忙，这期间，他看着各种各样的客人在店内来来往往，那些人拥有多彩多样的丰富人生，而他，赵小天，将永远，一辈子做一个在店内做鞋的小鞋匠。

对于年轻气盛的他来说，这种绝望感几乎要将他杀死了。

工作之外，他很少有更多休闲，就是窝在家里。朋友圈里充满了吃喝玩乐的人生赢家，他们仿佛不需要工作，喝着红酒，环游地球，总是一副怡然自得的样子，就把钱揣进了自己的口袋。

而他的人生，从不敢做如此设想，只是一针一线地劳作着。

那一天，当宋老板来到赵小天面前时，他面对的是一个“将死的人”，对这个“将死的人”来说，不论多么不靠谱的奇迹他都会抓住，就像是陷落在沼泽深渊之前的最后呼救。

幸运的是，赵小天遇到的并不是什么传销组织。

当他在第二天来到咖啡店时，对方告诉他要让他做一个代理人，直白地说就是做一个负责运作各种金融往来的人，行走的每一步都完全遵从背后金融集团的指示。

而当赵小天询问为什么会找上他时，宋老板的回答是，因为赵小天长得好看，并且有种能让人喜欢的天然气质，总之就是金融圈内最需要的那种气质。

当时赵小天觉得自己是时来运转。人生赢家，或许可以换他来做了。

赵小天并没有辜负宋老板的期望，他学东西很快，当初在鞋店内师父就曾经这样夸奖过他。他不仅学会了金融圈那一套说辞，更学会了像一个绅士般举手投足，他的举止为他带来了许多生意，他简直觉得自己天生就是干这一行的。

如同宋老板所说，他完全摆脱了当初那种无聊的生活，他开始出入各种高级场所，开始住最豪华的酒店，去高级餐厅吃饭，甚至还有专门的司机。

一切如同梦幻一般，他就像是一个转运的辛蒂瑞拉，从小鞋匠一跃而成为一个高贵的王子。

他也快觉得自己真的就是一个王子了，起码在朋友圈里是这样。

这雨没有停下来的迹象，雨季就是如此，有时候一场雨能持续上三五天，人们仿佛从里到外都变得湿润润的。

他撑着伞绕过街道一直朝家走，如果那个地方可以被称作“家”的话。

那是一幢装修漂亮的别墅，房产并不属于他，但他可以去那里住，可以带生意上的伙伴们来做客，别墅内还有教育良好的管家负责打理一切。

他在雨中继续前行，当皮鞋踩到路面上的雨水时发出了“啪嗒”“啪嗒”的声音。

他想，如果过去的同学见到他如今的样子，一定会对他羡慕不已。

当年的那个赵小天竟然变化这么大，简直今非昔比！

但他却无法真的高兴起来。

这一年内，他的心总是这样充满烦躁感，他说不出这是怎么回事，只知道每次谈下一笔大生意，他都会感到烦躁不安。

他居住着一个不属于他的别墅，承诺着不属于他的金钱。

当然，他不用担心什么法律责任，他所做的一切也并没有真正地触犯法律。

但他仍然惴惴不安。

就像是双足踩在了云端。

赵小天还没走到家，电话就响了起来。

当他拿出电话，看到上面的来电显示时，他终于明白了这一整天的烦躁都是从何而来了，那是一种莫名的第六感，内容一定与这通电话有关。

他按下了接听键，把电话凑到耳边，“妈妈？”

雨落在他黑色的雨伞上，这清脆的声响将伞下的世界与外面的世界彻底隔绝开来，就像是一个个小小的结界。

在雨落声中，电话那头传来一个不幸的消息。

他的父亲病危，医生说已经不行了，时日无多，最好能有家人陪伴在身边走过最后一段路程。

妈妈自然一直在父亲的身边，但他们只有赵小天一个儿子。

伴随着这个消息，赵小天已经来到了他的别墅门口。

这是他现在的“家”，是他居住的地方。如果他是一个孝顺儿子，他就应该把父母接过来，与他一起享受这优质的生活。父亲辛苦了一生，在他人生的最后时光，总该过点好日子。

但好笑的是，他不能把父亲母亲接过来。

因为这里说到底并不是他的家，而他拥有一个高贵的身份背景，他的父亲、母亲与这栋别墅是那样的格格不入。

隔着窗子，他看到保姆正在房间内打扫。

雨落在他与这栋房子中间。

事实上，他又何尝不是与这一切都格格不入。

他手里的公文包内还放着一份关于一笔巨款的合同，但里面的每一分钱都不属于他。他晒在朋友圈里的那些虚妄，都是演给别人看的。

雨变得有些大了，雨伞终究不能挡住所有的雨滴，总有一些会落在人的身上和脸上。

这时候，你就无法分清楚，这个人是不是在哭泣了。

“老板，我想定一双鞋，我想要……哎？我是不是在哪见过你？”

鞋店内，一个西装革履的客人将他的注意力转移到了在店内做工的鞋匠身上，“我肯定见过你。”

“你一定是认错人了。”鞋匠一边做着他的鞋，一边头也不抬地说。

“不，我不会认错，你长得很好看，很少有你这么好看的人，一定是你，不会错！”

鞋匠抬起了头，目光淡然，“你把我认成谁了呢？”

“一个很有钱的公子哥，”这个客人说，“我的老板跟你谈过生意，不会错，不过你现在是在玩哪一出？”

鞋匠眨眨眼，没回答。

“可你跟他又不是特别像，我也说不出哪儿不对，除非你有个失散多年的双胞胎兄弟……”

鞋匠憨厚地笑了笑，接着继续做他的鞋。

他不是没看过世界的多彩繁华。

然而泡沫终究还是会碎掉的，你只要轻轻一碰。

天空中的确有着曼妙的风景，但当你踏着的是轻飘飘的白云，就永远不会像踩在地面上那样踏实。

客人不再纠缠鞋匠，而是转向老板提出他的定鞋要求。

当客人即将离开时，他又忍不住多看了鞋匠一眼。

“再见，先生。”鞋匠说。

“再见。”客人说，语气仍然饱含着不确定。

“对了，”鞋匠忽然说，“我的父亲，他在一个月前去世了。”

“那真遗憾，节哀顺变。”客人说，接着仿佛诚意不够似的，他来到鞋匠跟前，给了鞋匠一个拥抱，“我说真的，节哀顺变。”

“谢谢您。”

这一次客人才真的离开。

在店外，风吹起，这场雨季似乎终究要过去了。

一切美好都是需要用心经营的

一

机会都是留给有准备的人的。

这虽然是一句俗不可耐的话，但是此时马天景深信不疑。

“听我的，你就别惹那文艺女青年，矫情着呢。追不到，你伤心；要是追到了，那以后的日子也不怎么好过。”对面的大熊一边剥着小龙虾，一边吸吮着手指，还含混不清地嚷嚷着。

对于马天景唾沫横飞，讲了快一个小时的计划，大熊显然并不看好。明明就是粗线条的汉子，非要自讨苦吃，追求一个完全不适合他的姑娘，太不理智。

马天景显然没有听进去，也对小龙虾没什么兴趣。而是在笔记本上写写画画，口中念念有词。

两个月之前，马天景第一次见到白水，惊为天人。不是白水倾国倾城，而是她身上带着一种说不出的脱俗气质。

那是一个咖啡厅里的文化沙龙，白水正在那里做一本欧洲小说的阅读分享。她说的是啥，他一句也没听懂，但当时完全被她那种气质所打动了。

凑巧，沙龙里见到一位高中同学，他连忙凑了过去，围坐在那里痴痴地看着。主持人看见了他的加入，问，“这位新来的朋友是否也有自己的观点要分享？”

吓得马天景连连摆手，“没，没，我只是学习一下，学习一下。”

其实，马天景是个压根不看书的人，咖啡厅也很少去。那天大熊约他去桌游，结果其爽约，他才找了个地方歇歇脚，顺便上个厕所。

没想到，这一歇，把魂儿给丢了。

跟高中同学多年不见，但那天马天景特别殷勤，特地拉着那位同学吃了一顿烧烤，天南海北侃了一番。

最后，话题绕回到白水身上。

同学告诉他，他跟白水是同事，都经常参加活动。白水是沙龙里的灵魂人物，大家对她的文学造诣非常钦佩。她在大学里的图书馆工作，她负责人事，同学负责系统维护。

马天景迅速脑补了画面，一个阳光明媚的下午，穿着长裙的白水坐在窗前的位置上，轻轻翻书，当微风吹过，她的发丝凌乱，简直太美了。

同学很够意思，为了答谢马天景的烧烤，最后将白水的微信号码推送了过去。

太棒了！太值了！

晚上，马天景拿着手机，想要添加白水。但是在最后那一刻，他忽然犹豫了。

点进自己的相册看了看，他不满地皱起了眉头。

啤酒瓶子、小龙虾，还有庸俗段子、吹过的牛、偷拍的大熊的各种丑照等，看了之后，他自己都嫌弃自己。

灵机一动，他另外申请了一个新的微信号，添加白水，发送：沙龙见过你，交流文学。

后来跟大熊说起这一段，大熊鄙夷地回他，“还文学呢，文盲吧你。”

很快，白水通过了他的好友邀请。

点入白水的朋友圈，马天景真是佩服自己在关键时刻的英明决断。看白水的朋友圈，就犹如她本人的气质。少有家长里短的庸俗，都是各种艺术感悟，偶有心灵感慨，也显得淡然而诗意。

真是……好喜欢。

马天景的形容词，实在匮乏得可怕。

为了接近女神，马天景总是去找那位高中同学，后来，人家也看出了他的心思。

同学很实在，给他办了一张校园图书馆的卡，让他可以自由出入，最后还补了一句，“我和她不算熟，只能帮你这么多，知道的都告诉你了，剩下的，就是系统里她的借书记录了。”

嘿，这最后一句无心的话，倒是让马天景眼前一亮。

马天景的计划，说白了就是投其所好，制造巧合。

大熊十分鄙夷地看着他那一本正经的样子，觉得不可思议。

一、参加读书沙龙，精心准备发言内容。

二、每当白水借一本新书，他就做好功课，故意在朋友圈里发自己也在看，制造意外的心灵感应。

这是马天景的计划。

“马儿，我觉得你有这吃苦的精神，还不如回去重新参加高考，就考白水那所大学，然后来个师生恋。”

“滚。”

大熊没有瞎说，他回忆了一下，上一次马天景摸书，应该是他高考结束的时候。这事儿马天景跟大熊说过，考完试当天晚上，自己就背了沉甸甸的书包出来，蹲在马路牙子上烧书，还一面念念有词，“一路走好，再也不要回来找我啦。”

他爸遛弯正好看见，气得吹胡子瞪眼睛。“你个不孝的儿子，你爹死了吗？好好的你出去烧纸。”

上了大学，马天景就像冲出牢笼的鸟儿。看书？说明书都懒得看，有事问“度娘”。

白水看的书，让马天景的头十个大。作者都没听说过也就罢了，其中一些西方现代主义流派的作品，还有文艺理论的作品，看得马天景云里雾里，抓耳挠腮。

最后，只好问强大的“度娘”。

问完，还是云里雾里，抓耳挠腮。

真是，书中自有颜如玉，但是披着一万层面纱啊。

大熊深深感觉到自己被抛弃了。

马天景居然不再跟他打球、玩游戏，连吃小龙虾的时候，也一直在百度，还拿着笔记录。

他小子当年要是这么用功，何苦挨那么多揍。

朋友圈的状态，并不能代表这个人的真实状态，但是可以看出每个人向往和缺少的生活是什么，以及愿意标榜的是什么。

白水深深认同这一点。

其实，人事工作纷乱而复杂，她每天忙得晕头转向。当年义无反顾地选择在图书馆工作，就是向往那份美好的安宁，可没想到被分配到人事部，每天都像热锅上的蚂蚁，忙得团团转。

偶尔去参加沙龙活动，算是她为自己生活找到的一处出口，那时候她会觉得，回到了那个最纯粹的状态。

偶尔会在朋友圈发一些读书感悟，正是因为读书的时间宝贵。偶尔翻到想到，就想记录下来。

最重要的，她愿意给自己贴上这样的标签，来提醒自己，那个每天忙得头都抬不起来的女孩，不是她最喜欢的样子。

在沙龙里，她遇见很多爱读书的朋友，感慨偌大的城市里还有许多同类，他们都在生活的缝隙里努力让自己喘息，享受精神的净化和洗礼。

他们会在朋友圈中发生活琐事，发牢骚，偶尔也发读书感悟，刷朋友圈的时候，彼此看到，一划而过，就像在人群里穿行。

不过，这里面好像有一位画风清奇的仁兄。

他总是和她看一样的书，还凑巧在差不多的时间，这实在无法不让她注意。她左思右想，也无法解释这种神秘巧合。

很快，她就不再纠结于这个问题。因为这位仁兄发的内容，真的每一次都让她——大跌眼镜。

《太阳照样升起》的图片和海明威图片，配文：海明威的胸毛这么茂密，不做脱毛广告可惜了。

《百年孤独》的图片，配文：都是什么鬼名字？啊啊啊记不住，学学刘能、赵四、谢大脚的名字多有智慧。

《当我谈跑步时，我谈些什么》的图片，配文：跑吧跑吧，对，诺贝尔陪跑什么的，最锻炼人。

无聊！白水心想。

当把真人和微信挂上钩的那天，白水心里想，“还真是表里如一。”

马天景每一期都准时参加文化沙龙，每当轮到他发言，都是客客气气地点头哈腰，“我是来向各位老师学习的，老师们分享得太好了，自从参加这个活动，我整个人素质都提升了。感谢对我有帮助的老师们，比如白水老师、某某老师、某某老师等。”

这家伙究竟是干什么的，白水分明看见他那掩饰不住的哈欠。一次主题是“日本文学里的中国文化基因”，他真的睡着了，她发誓她看得很清楚。

贵在坚持，大熊最佩服的是，马天景真的每期都去。一次下暴雪，整场活动就去了五个人，就有他老人家一个。不过那天白水没去，他放心地睡了个安稳觉。

沙龙组织年底聚餐，约在一个英式餐厅里，马天景借了一套西装，人模狗样地晃呀晃。席间，还举着红酒来到白水面前，“您对我帮助太大了，我整个人生都提升了，敬您！”

白水礼貌地碰了一下杯，想到他朋友圈里那些屁话，忍不住笑了。

当白水第一次跟着马天景出去吃小龙虾的时候，总算看清了这个人的真面目。不过已经晚了，这时候她已经成了他的女朋友。

华灯初上，在各种夜宵场所，马天景才是真正滔滔不绝，与在沙龙里的那个样相比，像是换了个人。

从小龙虾的许多种吃法，到地摊文化的演变，那摇头晃脑的样子，让白水直呼上当。大熊跟着怂恿，“嫂子，你可以告他诈骗，我给你做人证，还有他那小本子，就是物证。”

白水哧哧地笑，抹着自己脸上的唾沫星子。

白水依然参加沙龙，隔三岔五在朋友圈里发读书感悟。

马天景早已停摆。猎物已经上钩，就不用再浪费诱饵了。听着这混蛋的论调，白水很想赏他一个大嘴巴。打开马天景真正的朋友圈，她顿时觉得辣眼睛，很想考虑大熊的提议。

就这样，两个人有着截然不同的朋友圈，却过着拥有彼此的人生。

直到，马天景听说了徐麻杆的出现。

徐麻杆是马天景安给人家的称呼，人家名字是徐然，剑桥大学高才生，温文尔雅，被人称为“小徐志摩”。

“瘦得像麻杆一样，像什么男人。”马天景仰头喝下杯子里的啤酒，咬牙切齿地说。

徐麻杆是白水的学长，据说当年就是白水仰慕的白马王子。现在回到国内做大学教授，凑巧，刚好在白水所在的高校。这已经让马天景感到有些不安了，这家伙居然又跟着去了文化沙龙，成了组织里真正的灵魂人物。

看白水的朋友圈，经常出现那张讨厌的小白脸和崇拜的句子。马天景感受到了大大的威胁，浑身不舒服。

再重新装回文艺青年？

不可行，真面目早已被揭穿，故伎重施可笑透顶。

情人节那天，白水哼着歌回来，脸上神采飞扬，还带回了一本书。

马天景趁她不注意翻开了一下，气得脸都绿了。书名是《致D情史》，扉页上还写了一串英文，没看懂，落款看懂了：Xu。

简直是欺人太甚，两人大吵一架。马天景甩门而去，喝了一宿酒。

D是个什么？白是“white”，水是“water”，没有D啊，难道是他们俩的代号或昵称？

马天景嘟嘟囔囔，最后被大熊扛到住处，吐了大熊一沙发。

酒醒后，马天景傻掉了，呆呆地看着手机。

“有文化了不起吗？就可以没有道德吗？”

“你们文艺青年都是假清高。”

“白水，我恨你。”

“马天景，我们分手吧。”

道不同不相为谋，马天景周围的朋友都这样安慰他。表面上，这段感情的结束是因为一个半路杀出来的麻杆儿。说到底，是他们本就属于两个不同的精神世界。

马天景不说话，难过，但也只能默默接受。

是啊，一个是阳春白雪，一个下里巴人，算什么势均力敌的爱情。

晚上睡不着觉的时候，他依然管不住自己，去翻白水的朋友圈。

风景依旧，是他迷恋的味道，只是时过境迁。

半个月后，他做出了一个惊人的决定，要出国读书。

大熊惊掉了下巴，“马儿，你连小学的英文单词都忘了吧？别闹了，失个恋算啥啊，走，吃小龙虾去。”

小龙虾照旧，但马天景，真的走了。

在美国，他要先读一年语言学校，这期间，马天景没有在朋友圈里发过任何信息。

一年后，他收到了高校的录取通知。此时正值圣诞节，他回国看望父母，也准备跟家人一起分享喜讯。

见到大熊，狠狠地宰了他好几顿小龙虾。太馋这口了，做梦都想。

席间，大熊欲言又止了好几次，但最终都压了下去。

“想说什么就说吧。”马天景云淡风轻。

“算了，不说了，你多吃点啊。”

餐厅的大门推开，走进一男一女。大熊手中的动作忽然停止。

他们坐在靠近门口的位置，谈笑风生。

男孩大侃特侃，女孩不时附和几句，更多是呵呵傻笑。那笑声音量不大，却飘飘然地钻进马天景的耳朵，直达内心。

“我们都以为白水是跟麻杆好了，没想到确实误会了，现在……你也看见了。”

马天景起身向大门走去，在靠近门口的时候转头看去，一个梳着板寸的小子正手舞足蹈地表演着，不小心碰到了刚端上来的涮锅，痛得龇牙咧嘴。

白水的头发比以前更长了些，笑嘻嘻地拉着男孩的手，轻轻地吹着，那样温柔，那样爱意满满。

本以为是自己不配拥有，于是以溃败的姿态逃离。时过境迁，才懂得很多眼睛看到的，皆是表象。

那一晚无眠，他打开朋友圈，点开那个熟悉的头像，翻开了一年来白水的所有信息。

其中一条，白水依偎在一个壮壮的肩膀上，配文：比起云端的梦，我更喜欢粗粝的人间烟火，有人不懂，将我抛向空中，我绝望地下落，幸而，你接住了我。

下面有大熊的一条留言：天哪天哪，你的男朋友不是麻杆？我可怜的马儿。

另外，文字是啥意思？

丢脸的东西！这是什么朋友！马天景暗骂。

凌晨，窗外渐渐有了光亮。

马天景的朋友圈更新了状态。

“原来，所有的美好都是需要用心经营的，从前不懂，于是错过。一直以为，酒醉的滋味，就是小龙虾仰望天空时流下的泪。现在才明白，小龙虾没那么便宜，早已经涨价了。”

下面是大熊的留言，“你还知道啊，你算算宰了我多少顿。”

第二章

你是不是仅仅只是表面过得好

光鲜背后的泪水

一

季欣就知道，刚子喜欢米朵朵。

这没什么奇怪的，男人都是视觉动物，乐于追逐美丽的面孔。而季欣的工作，就是为这些美丽的面孔锦上添花。

她是化妆师，常年待在横店。她给别人悉心妆扮，而自己，却总是随意扎起马尾，一副要去倒垃圾的样子。

刚子偶尔会挤兑她，连点专业形象都没有，小心被炒鱿鱼。

但季欣不在乎，“炒吧，炒回家我就找个人嫁了。”

在横店，她见到过很多梦想奇迹，一些人由落魄到爆红，摇身一变成为人生赢家。见到过更多梦想破灭，一些人拖着行李，头也不回地离开这里。

久了，也便麻木了。

米朵朵是剧组里的女一号，那个最具光芒的女演员。她样子不妖艳，甚至五官也不完美，但是组合起来就是带着一种优雅高贵的气质，季欣也喜欢她。

每天，季欣都会给她上妆，但她们很少交流。一来，米朵朵并不爱说话。二来，女一号的台词量特别大，所以化妆的时候总是在背台词，或者补一觉。

她不像某些趾高气扬的女演员，会提出诸多挑剔的要求，总是淡淡地说一句，“谢谢你，我很满意。”

据说，她出身贫寒。刚来横店的时候，跑好几个剧组，演那种丫鬟的小角色。

两年前的一个宫斗戏火遍大江南北，不但主角身价倍涨，也火了戏里的丫鬟们，米朵朵，就这样熬出了头。

刚子是米朵朵的摄影师。

他说，入行十几年，米朵朵是他见过的最努力、最谦卑的女演员。说话的时候，季欣分明看到他的眼神里带着疼惜。

除了摄影，刚子还负责管理米朵朵的官方微博，其实就是将挑选过的照片传上去，配上一些小感悟、小宣传，或是对粉丝的感谢等。

公司也曾考虑过让刚子同时管理米朵朵的微信，但米多多坚持，要保留一个自己的私人领地。

微博上的米朵朵，总是微笑，话语温暖。

微信上，米朵朵很少发状态。刚子疑惑地问，“你要保留自己的领地，为何又在领地里沉默呢？”

米朵朵歪着头回答，“沉默也是一种权利啊。”

刚子说，那就是他认识的米朵朵，表里如一。不像其他女演员，微信、微博上的样子，和私下里那副没素质的样子，差了十万八千里。

季欣说，“你这样有意思吗？不要把生活和工作搞混了。”

刚子显得不耐烦，“我没有。”

米朵朵的父母，时而会到剧组来探班，他们特别朴实，总是大包小包地背来家乡特产，还会做吃的给剧组的工作人员。

季欣很喜欢老两口，让她会想起自己故乡的父母。

拍戏间隙，米朵朵会给父母讲解剧情，样子像个没长大的孩子。还会和父母一起自拍，弄得经纪人总是神秘兮兮地跟在后面，“朵朵，照片不能传到微博微信，知道吗？”

米朵朵听话地答应着，眼神里，带着不情愿。

即使是微信，也不能乱发东西，很多合作过的演员，都和记者关系很好，这里面有着千丝万缕的关系，还是小心为好。

季欣有些同情这样的米朵朵，但转而又笑了，“自己哪有资格同情别人，演员所享有的荣光，就代表了她们要丧失一部分自由。”

一次收工，季欣在给米朵朵卸妆。

投资方忽然要米朵朵出席一个饭局，米朵朵显得不太情愿。

“我的台词量太大，每天只能睡 3 个多小时，我可以不去吗？”她小心地询问着，换来斩钉截铁的否定回答。

刚子忍不住搭腔，“这样下去她的身体吃不消的。”

“这里没有你插嘴的份。”

那一天，季欣看到米朵朵的微博上，一个穿着黑色小礼服的女孩，露出甜美的微笑。配文：享受美食，爱你们。

下面是大量粉丝的留言。

“我朵好美，怎么吃也不胖。”

“朵朵你的剧我在追，中毒了怎么办。”

“朵朵，你跟 ×× 的绯闻是真的吗？”

……

这一天，剧组里的人都有些不自在。尤其是每天侃八卦的人，似乎都改成了窃窃私语。

刚子脸色铁青地坐在一边，一句话也不说。

季欣照例给米朵朵上妆，她闭着眼睛坐在那里，看不出任何表情。

季欣知道，今天所有娱乐版新闻的头条都是米朵朵。

模糊不清的照片上，是宾馆的走廊，监控下米朵朵跟着一个男子走入房间，三个小时后离开。

某网站的新闻标题赫赫然：

“米朵朵借肉体上位，你们都被她的清纯脸骗了。”

开工，照常表演。

一场戏过后，记者已经挤爆了剧组。导演叹了口气，对米朵朵说，“停工，你们先处理处理吧，别耽误拍摄进度。”

米朵朵的公关团队急得像热锅上的蚂蚁，一边为各位记者端茶倒水，一边动用关系，找到熟悉的几家媒体，劝说他们做出澄清，扭转舆论势头。

“喂，你说，这事情是真的假的？”季欣好奇地问。

“假的。”刚子毫不犹豫地回答，眼里像是要喷射出火焰。

米朵朵的父母没有见过这种场面，老太太急得心脏病突发，住进了医院。

汹涌而来的评论淹没了微博，刚子只得将评论功能暂时关闭。保安团队层层设卡，禁止记者进组干扰。

而米朵朵就像以前一样，礼貌地对每个人微笑，照常拍戏。

季欣感到很佩服，就凭这一点心理素质，换了她就做不到。

四

剧组杀青的那一天，大家都如释重负，嚷嚷着出去喝一杯。米朵朵的戏份重，也拖到了最后一天，大伙儿都希望她一起去。

他们知道，这位好脾气的女神，非常好说话，很少拒绝。

但是那一天，米朵朵勉强挤出一丝微笑，“我真的累了，你们聚吧，我请客。”

整个聚会过程中，季欣都和刚子坐在一起。

“下一个戏在哪里拍？北京？”季欣小心地询问，心里带着不舍。

“嗯，北京，三天后进组。”

“真够拼的。”

席间，刚子接了个电话，随后拿出手机发了微博。照片上，米朵朵穿着现代装，坐在古代布景里，依然是招牌式的笑容。

那一天，季欣拉着刚子喝了不少酒，叽里呱啦地说了不少话，最后迷迷糊糊地被抬了回去。直到后半夜，一阵急促的铃声打断了她的昏昏沉沉。

电话里传来刚子的号啕大哭，她顿时坐了起来，酒醒。

那个晚上，米朵朵一个人待在宾馆的房间里，坐在炭盆旁边，好好地睡了一觉。

她有太久没有好好休息了，所以一睡，就是永远。

刚子抱着他的相机，不吃不喝。季欣知道，相机里都是米朵朵微笑的照片，看她的表情，仿佛天下没有苦难。

外面再度掀起舆论高潮。

抑郁症、娱乐圈黑幕、情变，各种话题甚嚣尘上。

平日里认识不认识的演员，开始在朋友圈和微博里晒眼泪。

剧组也发出了哀悼的长文，夸赞米朵朵是一个敬业的好演员，长文结尾，用加黑字体标注着新剧的上映时段。

自称是米朵朵男朋友的人，晒出两人合照，一夜间粉丝涨了 30 万。

两个月之后，娱乐圈早已被新的话题所覆盖。那个总是微笑的谦卑女孩，渐渐消失在人们的记忆里。

可就在这时，季欣打开手机，看到了一条惊人的新闻。

一个叫神探金刚的人的一条新闻在一小时内点击突破 1 亿。新闻的内容，正是米朵朵酒店事件的真相还原。

那一天，米朵朵喝了几杯酒，就觉得头不舒服，刚子自告奋勇，决定送她回宾馆。

刚到房间，收到男一号的微信，说编剧紧急改了台词，赶紧去楼上房间开个会，对一下词。接着，发来一串房间号码。

刚子是陪着米朵朵走进去的，进去之后，房间里有男一号，还有另外两位配戏演员。刚子安心地关上了门，离去。

那张宾馆走廊的图片，原图是有米朵朵和刚子两个人，被人删去了一个。

而房间内的另外两位配戏演员，也在电话录音中澄清了事实。

是的，两个月的时间，刚子并没有离开横店，而是做了这件事，洗刷米朵朵的形象。

他不管，很多人是否已经忘记了她，也不在意事件的真相。他心里知道，那根刺一定要拔出去。

北京的新戏，米朵朵原是女一号，因为这场事件，另一个女演员代替其演女一号，米朵朵改为女二号，饰演表面清纯，却暗地里勾引别人丈夫的坏女孩。

这位女演员，与米朵朵昔日剧中的男一号，属于同一家公司，同一个经纪人。

当然，这样的结论，不是刚子做出来的。而是网友根据神探金刚列举的所有证据，合理推演的结果。

很多人期待神探接下来爆出更多娱乐圈猛料，但是这个人却从此消失。

信息发酵的那一天，米朵朵的微博曾经发出一张照片，是她素颜的样子，怀里抱着一只猫。

照片里，米朵朵没心没肺地大笑着，一点儿也不淑女。配文是：她嚼烂了那么多悲伤，就是为了让世界记住她的笑脸。

只演给一个人看的独角戏

一

都说恋爱会使人变笨，失恋时智商才会回归。但看冯苗苗的架势，像是变不回来了。

作为室友，江江看着冯苗苗由热恋到失恋，再到现在的神经质状态，真是替她捏了一把汗。

这不，此时苗苗同学正穿着江江新买的裙子，扭来扭去凹造型自拍。明明已经洗了脸，也不嫌费事重新上了妆。

江江正翻着白眼，苗苗已经塞过来她的手机，“看看，哪张最高端大气上档次？”

江江对天发誓，冯苗苗不是个爱慕虚荣的女孩子，大学四年勤工俭学自己交学费，就足以说明这一点。现在这样的症状，无非是失恋后遗症。

冯苗苗与杨正恋爱的时候，江江不太看好。

因为杨正是他们大学教授的儿子。这可不是闹着玩的，万一事情传到教授耳朵里，教授又没看中冯苗苗，那还不得挂科啊。

这可不是杞人忧天，杨教授出了名的讨厌学生谈情说爱，而且脾气大得很。

随着相处越来越久，杨正对苗苗的好，江江倒是看在眼里，羡慕在心里。就说苗苗大姨妈的那几天，杨正记得比谁都准，带姨妈巾，煮红糖水，小心照顾女王的情绪，拿捏的分寸十分到位。

江江觉得，像苗苗这样外貌和功课都不出众的女孩，能有个男孩子这样疼她，真是幸运。她渐渐改观，希望两个人永远在一起。

人生不如意十之八九。

在冯苗苗疯了一样地跑回宿舍，将杨正买给她的所有东西都摔了个稀巴烂的时候。江江，叹了口气，男人果真还是靠不住的。

江江相信男人的劣根性。

她觉得自己是女权主义的代言人，为此还写了几篇文章发在论坛上，转发在朋友圈里，引起了圈子内的一番热议。

当时，苗苗和杨正还没有分手。杨正就是坚定的反对声音，他认为江江简直就是在为男女两性任意贴标签，事实上人性就是复杂多样的，怎能如此粗暴地分类?

唇枪舌剑一番，不了了之。每个人都有自己的生活，不必想法一样。

喜欢江江的男孩不少。她漂亮，还傲气，会让一部分男性望而生畏，但也会让另一部分男性产生征服的欲望。

但江江不太容易喜欢上谁。她太聪明，他们的伎俩，在她面前总是显得那么幼稚。

江江的父母都很忙，忙到一年 365 天，一家三口坐在一起吃顿饭的时间都很少。所以她不喜欢住在家里，即使毕业了，也依然和冯苗苗租房住。

那个房子虽然大，也被保姆收拾得一尘不染，但就是没有半点家的样子。看着自己和苗苗这脏乱差的家，江江反而嗅出了人间烟火的味道。

现在，她有些担心苗苗。

自从苗苗与杨正分手，这妮子钻起了牛角尖，为了让前男友感到后悔，不遗余力，翻看了各种秘籍。

最后的结论是：要让自己看起来比以前好十倍，他会后悔的。

于是，苗苗精心经营着朋友圈，每天都发上那么几条。精致妆容、高级宴会、画廊、艺术电影、自己动手的烘焙、随意写下的诗句，生活美好极了，只不过发送的时候，不会忘记点击：只对杨正可见。

说白了，都是用力演给一个人看的戏。

用力背后，就是情深。

如果母亲在电话中说明白了要让她去相亲，她打死也不回去。

就像现在她推开了包房的大门，看到母亲与许阿姨，还有一个穿着白衬衫的男人，她很想假装走错房间，然后迅速逃离现场。

来不及了，只得硬着头皮坐下。

“江江，这是蒋英森，只比你大两岁，国外读书回来，是一位心理医生。”

江江配合地哦了一声，向那边礼仪性点了一下头，然后埋头切起她的牛排来。

等等，心理医生?

“你有名片吗？我有个闺密遇到一些问题，我或许可以带她去咨询你？”

“当然。”蒋英森抽出名片，递了过去。

江江用余光瞥见，母亲和许阿姨交换了满意的眼神。

你们想得太美了，江江暗想。

思前想后，把苗苗骗进心理医生的诊所，是一件蛮困难的事情。

她给蒋英森发了一条微信：“可不可以约在外面，我怕她不肯去。”

回复是：“可以，你选地方吧。”

江江最后给出的理由是，“苗苗，你陪我去相亲吧，我自己无聊。”冯苗苗坚决拒绝，但江江说，那家餐厅超有格调，而那个男人见一次就拜拜，权当她们姐妹的下午茶。

苗苗的眼睛亮了一下，欣然答应。

落座之后，苗苗掏出手机为自己拍了一张美美的自拍，发在朋友圈里，配上文字，“这里唯一的罪过就是太美丽。”

发送时，一如既往地点击：只对杨正可见。

江江悄悄向蒋英森使了个眼色。

那一顿饭，江江吃得很不愉快。她认为这位蒋先生，很有可能是国外三流大学回来的蒙事行，全程没有聊苗苗的情感经历，而是乱七八糟胡扯了一堆。

但苗苗吃得很愉快，席间有钢琴表演，她再次发了朋友圈。

“你的黑心诊所是专门骗钱的吧？”回到小屋，江江恨恨地发送微信。

“让她发泄一下吧，这是她为自己的压抑寻找的出口，在找到真正解决办法之前，不要剥夺她这个权利。”蒋医生发来答复。

哼，嘴上功夫，绣花枕头。

两分钟后，又一条信息发来。

“你的朋友我不收费，还请你们吃大餐。不过若是你想治病，我会收费很高。”信息末尾，发了三个呲着大牙的笑脸。

不要脸的东西。

与杨正分手整整一年了，他没有一丝音讯。

冯苗苗像个傻子一样发了一千多条只对他可见的微信朋友圈，像是冷冷清清的独角戏。

一年前的 12 月 23 日，就是他们分手的日子。今年的这一天，到处都弥漫着圣诞节的气息，苗苗的房门一直紧闭着。

江江心里紧张得要命，她敲门喊道，“喂，你出来呀，咱俩吃点东西逛街去。”

下午一点钟，房门推开，江江“蹭”地从沙发上弹起来。

“江江，我们约蒋英森好不好？”

“约他？可是我不喜欢他呀。”

“他是心理医生，我看见你带回来的名片了。”

江江瞪大眼睛看着苗苗，她眼神里尽是疲惫。

“好，好，我马上约他。”

蒋英森的诊所里，绿植，阳光，干干净净。

“蒋先生，你说杨正心里是怎么想的，他就这样消失了吗？”苗苗窝在靠椅上，有气无力地问道。

蒋英森看着她，低声温柔地试探，“可以给我看看你的微信吗？这样才好判断他会怎样反应。”

江江上前将苗苗的手机递了过去，手指触碰的时候，蒋英森感觉到对方的手指冰凉。他看着江江，知道这个女孩无比在意她的朋友。

那个下午，蒋英森给苗苗做了催眠，恍惚中，她诉说了许多，睁开眼睛时，满身汗水打湿了衣襟。他让助理安排苗苗去休息间休息，她躺在那里竟然沉沉睡去。

江江那一天特别温驯，仿佛也没有力气再虚张声势。蒋英森拉过椅子，坐在她的对面，握住她冰冷的手，她竟然没有反抗。

“江江，一个人越想隐瞒什么，往往会走向它的反面。你佯装强势，只能说明你内心很脆弱。”

“你自以为很了解我，是吗？”

“我还不够了解你，但我喜欢你。”

这个人一定是对自己使用了魔法，江江想。她明明想高傲地还他一个白眼，然后完美地转身离开，可是她的身体一动也没动。

三个人的晚餐，江江忽然变得沉默。

她不敢提杨正，怕触到苗苗的痛处；不敢跟蒋英森聊天，怕苗苗看出两人的微妙变化，更加触景伤情。

倒是蒋英森，心大得很。

特朗普与希拉里竞选的事，滔滔不绝讲了一个多钟头。也好，她和苗苗只管吃和放空，都不用多说什么了。

晚餐后，蒋英森将两人送回家。临走前对苗苗说，“明天太阳升起的时候，就让往事烟消云散吧。另外，随时欢迎你们骚扰我。”

睡前，江江收到微信，“早点睡吧，小刺猬。”

“扎死你。”

“哼哼，我会把你变作一团棉花。”

“滚。”

“你这样不温柔，可我还是蛮想你的。”

“臭医生，你说苗苗会好起来吗？”

“相信我，她很快就会走出来。”

“其实……我有一点愧疚，今天是她最难过的日子，我却在这一天不要脸地被你骗走。如果，我是说如果，她和杨正能一直在一起该有多好。”

说着，她找到了手机里的一张照片，发送给蒋英森。那是她与杨正、苗苗的三人合影。照片上，苗苗笑得没心没肺，杨正没有看镜头，而是目光宠溺地看着女友。

等了几分钟，蒋英森回复，“早点睡吧，明天等我电话。”

一大早，江江就接到了蒋英森的电话。

“你是怕本姑娘反悔是吧？这么早就催命连环打电话。”

“江江，我在楼下，你一个人下来，有重要的事。”

江江洗了把脸，匆匆跑下楼，看见蒋英森站在晨光里，依旧是白衬衫，嗯，还蛮帅的。蒋英森将江江拉上车，表情凝重地说，“我要带你去见杨正。”

“什么？你知道杨正在哪儿？”

“是的。”

当蒋英森收到照片的那一刹那，他的眼睛定住了。他见过这个男孩，一定见过。

两分钟后，他想起了出处。

给江江回了微信后，他立刻打开电脑，查看自己的电子邮箱。鼠标点开一份病例分析，杨正的照片赫然出现在屏幕上。

与蒋英森共同回国的同校同学李大磊，曾经发给他这份病例。杨正，就是他负责的渐冻症患者。

一开始，杨正觉得右手时而没有力气，拿重物的时候抬不起来，后来感觉手臂也麻麻的。他没有在意，直到有一天，他发现自己打不开房门。

得知自己得了渐冻症，杨正的天灰了。这在国内是无法治愈的疾病，手、手臂，接下来会是腿、全身，最后全身肌肉萎缩，直至呼吸衰竭而死亡。

父母亲一夜之间白了头，杨正想，趁着还看不出病态，要早点跟苗苗有个了结，不要拖累她。

他告诉苗苗，父亲对他的未来有了新的打算，所以他们之间的爱，就是彼此生命中的路过，到时候说声珍重了。看着苗苗瞬间傻掉的表情，他用力咬着嘴唇，不让自己失态。

说完那些话，他将苗苗送给他的表塞还给她，然后迅速转身走掉。他听见苗苗在身后哭着质问他，可他绝不能回头。

一个名牌大学的才子，得了不治之症，令人惋惜。李大磊跟蒋英森说起过这个病例，还分享了具体治疗细节。

蒋英森的心沉了下去，他想起白天苗苗手机里那些缤纷缭乱的照片，像是看见了世上最凄美的爱情故事。

如果谎言能换来圆满，如果爱能再度轮回，那么这区区一点孤独，又算得了什么。

世界一点一点冰封，唯有爱你的心，会跳动到最后一刻。

江江和蒋英森站在杨正的床头，向他做了保证，一定继续保守秘密。

临走时，江江用杨正的手机发了一条朋友圈。

“告别过去整整一年，我一切都好。希望你坚强，过得像朋友圈里一样好。”

杨正的葬礼上，苗苗哭得最伤心。

三年来，她以为故事已经有了该有的结局，却没想到是这样的结局。

她手捧他最爱的太阳花，放在他的遗像前，无名指上的钻戒闪着光芒。他笑得一脸纯白，告别了尘世的所有病痛。

你的岁月静好，是有人负重前行

每个月第三个周末的聚会，是严小小和朋友们从大学毕业那天开始就立下的约定。

“静谧”咖啡店内，你能闻到混合着牛奶与面包味道的咖啡香气，能听到来自不同角落内的窃窃私语，但你并不能听得真切，空气中有一种无形的默契，仿佛谁若忽然提高了声音，谁便是破了规矩。

严小小和朋友们偏偏喜欢在这里聚会。

那一扇扇贴着趣味图形的落地玻璃窗仿佛在人间形成一道结界，把店内和店外隔绝成了两个截然不同的宇宙，外面熙熙攘攘，充满世俗与无奈；而里面，只有乌托邦般的天堂。

“你和那个……”李菲拨弄着碟子里的方糖，她讲话时细声细气的，就如同她的纤细身材，“他叫什么来着？你们现在还在交往吗？”她话音落下时，目光飘向的是坐在她对面的于落。

“分了。”

于落回答得轻描淡写，就像是早晨吃的松饼一样简单明快。

“哦，不出所料。”李菲耸耸肩。

于落瞪了她一眼，“当初你还说他人不错。”

“那叫作表面敷衍，”李菲嘴角弯起，“意思是说我早就不喜欢他，但是既然你喜欢，我只好说他人不错，其实我的潜台词是他不适合你。”

“你应该直说，这样我可能就不会浪费三个月的生命。”

严小小就坐在于落的身边，饶有兴致地看着这两个人拌嘴，这一直是她热衷于每个月聚会的原因之一。

免费的相声，谁不想听？

“你看，”于落忽然用胳膊肘碰了一下严小小，“你看这个人，总是喜欢放马后炮，当初什么都不说，现在又来看我的笑话。”

严小小笑眯眯地看着于落，“我当初就说了你们不合适，你也没听我的。”

严小小总是这样笑眯眯的，说好听了是性格随和，说难听了就是没脾气，像个球。

于落把胳膊肘搭在严小小的肩上，“所以说你最够朋友，不像某个人，虚伪。”

坐在她们对面的“某人”却不生气，只是满脸好笑看着于落。

“我哪虚伪？”李菲抬了抬眉，“我不劝你是因为你从来不听劝，你看我就从来不敷衍小小。”

“小小可用不着你敷衍，”于落眨眨眼，看向严小小，满眼的羡慕，“小小幸福着呢。”

严小小一点都不想成为话题的中心，她决定闭上嘴喝咖啡。

咖啡很香，店内飘扬的音乐很好听，岁月很美好。

“说起小小，”李菲忽然说，“你上周去纽约都买了什么好东西？出国玩也不告诉我们，还得在刷朋友圈时才能知道，不够意思。”

“你不懂，”于落白了李菲一眼，“这是一个人说走就走的旅行，不能跟任何人说。”

李菲没理会于落，她只是好奇地看着严小小，“你老公呢？他怎么没一起去？”

“他……”

“王程的单位怎么可能放人，”于落抢下话头，害得严小小把后面的话全都憋了回去，“所以我说小小是我们中最幸运的一个，王程简直把她宠到天上去了。”

严小小决定继续闭嘴。

她是听相声的那个，可不是被相声挤兑的那个。

于落并没说错，严小小那的确是一场说走就走的，来不及对任何人提及的旅行。

那天下午，她从一个舒适的午睡中醒来，看到洒落在桌面上的阳光，她忽然想起大学毕业那年的纽约行。

那就像是一种莫名其妙的乡愁，她忽然怀念起纽约了，于是没有对任何人打招呼，整理好了行囊，拿着拥有十年往返签证的护照，直接奔向了机场。

在驶向机场的出租车上，她给老公发了条信息。

“我想去纽约，已经在去机场的路上。”

在发出那条信息之后，她的内心是有一些忐忑的。

这是一种远离安全感的惴惴不安，她有家庭需要经营，但她的行为却颇为任性。

她等待了十几分钟，在这十几分钟内，她的心绪经历了百转千回。

终于，她收到了老公的回信。

“那就去吧，家里有我呢。”

一条短短的信息像是一颗定心丸，严小小松了口气，她再次把心绪放回到了对纽约的向往。

一天后，她的所有朋友都在朋友圈上看到了她的充满惬意的纽约之行。

很快，她的那些图片收到了许多点赞和回复，回复内容多数都是在羡慕，羡慕的是在这样的人生阶段里，她还能拥有这样轻松肆意的时光。

而这一直都是严小小在朋友圈内给人的印象。

但凡认得她的人都知道她是个活得十分率性的人，她可以为了一阵情绪就飞去欧洲，可以为了看一场内地没有上映的电影直接前往香港，仿佛这世间就没有任何东西能够绊得住她的脚步，她就如同一个来去自如的精灵。

她也乐得做一只精灵。

或者说，这就是她努力想要活出来的样子。

当告别咖啡店的聚会，严小小回到家中时，已经是晚上八点多了。

大地已经被夜色笼罩，街上亮起了炫目的霓虹。失去了阳光的世界显得模糊不清，这份模糊感反而为人世间带来一阵浪漫。

严小小在客厅内的茶几上看到一杯柠檬茶。

这一向都是她的最爱。

但她并没有喝，而是直接奔向卧室，在那里，她看到王程正趴在桌子上，似乎是睡着了。

她轻轻拍了拍王程，对方缓缓睁开眼睛。

"为什么不去床上睡？"

"还有工作没做完。"王程昏昏沉沉地说，他打了个呵欠，接着眨眨眼调整了目光的焦点，这使他终于能看清楚严小小了。

"直接从咖啡店回来的？"

"嗯，我们聊得太晚了。"

"难得见一面，多聊聊是应该的，"王程说，他忽然想起了什么，"你的论文，我帮你改好了，你可以检查一下。"

"不用了，我相信你。"严小小笑着说，接着在王程的额头上轻轻吻了一下。

她很清楚，所谓的"改"，不如说大部分都是王程帮助她写的，她做的无非是提供了一个比较完整的思路和一个不算完整的大纲。

这一切似乎都是理所当然，从她与王程确定恋爱关系的那天就已如此了，用她的话说就是，王程那么聪明，不用白不用。

也就难怪于落和李菲总喜欢调侃她。

严小小换好了家居服，去客厅把那杯柠檬汁拿回卧室。王程继续做他的工作，而严小小则躺在床上玩手机。

她的朋友圈又收到了许多点赞和回复，一部分来自于之前的纽约行，另一部分是来自于今天的聚会。

其中有一条回复引起了严小小的注意："我猜一定有个人正在非常非常宠你。"

她微笑，佩服这个回复者的聪明。

她瞥了王程一眼，心想被人宠爱的滋味实在是棒极了。

也许是上一次纽约行让严小小的心变得活络起来，又也许是朋友圈里实在没什么能吸引人注意的新东西了，一个月后，严小小又想去法国玩几天。当然，仍然是她一个人。

她并不是不想和王程一起去，但正如于落所说，王程的工作并不像她那么自由轻松，他没办法轻易离开岗位，并且在多年的相处之下，严小小知道王程一直不喜欢旅游，比起她来，他更像是个工作狂。

在规划行程的时候，严小小忽然想起，她很久都没跟妈妈联系过了，也许她可以同妈妈一起去法国。

她拨通了妈妈的电话。

电话响了很久，就在她以为不会有人接听了，电话那头忽然传来久违的声音。

"小小？"

"怎么这么久才接电话？"严小小有点儿抱怨。

"是有什么事吗？"

"是这样的，妈妈，我这个月想去法国玩，你要不要一起？"

对方沉默。

严小小有点莫名其妙，不知道这有什么难以回答的。

"王程没跟你说吗？"妈妈忽然问。

严小小更是莫名，"说什么？"

又是一阵沉默，严小小开始有些焦急了。

"上个月，你去纽约那时候，你爸爸住院了。"

妈妈的语气冷冷淡淡的，就像是在讲一件别人的事。

但这却如同一道惊雷打在严小小的头上。

“住院了？！因为什么？”

“急性心脏病，好在王程来得及时，在医院抢救过来了。”

严小小感到天旋地转。

“为什么没给我打电话？！”

“给你打电话有用吗？你当时人在纽约呢。”

后面妈妈又说了一些话，似乎是责备，也似乎是抱怨，严小小却似乎听不到了。

她的全部思绪都变得乱成一团，直到电话被挂断，这时候她低下头，看到手里还拿着那本关于法国旅行的小册子。

一切似乎都变成了笑话，在她所谓的活出真我，在她惬意地在朋友圈内晒着她的纽约行时，她的爸爸却在医院的抢救室内与死神搏斗，而陪伴在她父亲身边的并不是他的亲生女儿，而是毫无血缘关系的女婿。

她努力活成一个精灵，却忘记了她还是一个拥有真实人生的活生生的人。

改变是显而易见的。

很快，朋友圈里的人们发现，严小小的朋友圈内容发生了很大的改变。

过去，她喜欢发些山，喜欢发些水，喜欢发那些她走过的和正在经过的城市，而如今，她却开始喜欢晒老公了。

他睡觉的样子，工作的样子，在厨房忙碌的样子，以及跟她约会时，穿得一身帅气的样子。

那是一个周末的约会，她不顾王程的反对，非得拉着他一起去公园。

他们已经很久没一起去过公园了，那天春风正好，她有点儿想哭。

“对不起。”这是来到湖边时，严小小对王程轻声说的话。

王程只是好笑地看着她。

“老婆你吓到我了。”

而严小小只是充满怜爱看着她的爱人。

这个人脑子极聪明，在爱情上却是一个大傻瓜。

这许多年来，他究竟独自承受了多少，才能让严小小活得那样轻松，那样引人钦羡？

纽约也好，巴黎也好，再美的风景，哪及得上眼前这个人的一分一毫？

严小小忽然觉得自己特别愚蠢，精灵的世界哪有人间好，那么多需要她珍惜的东西，那么多需要她经营的情感，她怎能继续视而不见？

“以后要一起生活一辈子了，还请多多关照。”严小小说，然后踮起脚给了王程一个轻吻。

王程笑了，就如同他一直以来那样温柔，“那还用说吗？”

严小小紧紧抱住了他，就像抱着一个绝世的珍宝。

不能说的秘密

先不谈圈，谈一个朋友。

她叫小莫，外企公司的实习生，身体圆圆，不懂得化妆，常常微笑，春风一样明媚。

生活里有这样一种姑娘，她的存在感不强，因为她很少表达自己的强烈愿望，比如朋友一起出去吃饭，她的台词永远是“随便啊，看大家”。

甚至在朋友间的聚会里，她也不太高谈阔论，只是喜欢托着下巴，听着别人乱侃，自己傻傻地呵呵笑着。

是的，小莫就是这种姑娘。她不凌厉，不对任何人造成威胁，她从不情绪失控，像个温柔的小猫。这样的姑娘人缘很好，但似乎也总显得没那么重要。

进入外企，小莫开始忙得像一个陀螺。

她脾气好，所以从不拒绝任何工作安排，即使加班到很晚，也是默默承担，从没有怨言。

公司开会研究方案，她总是觉得大家提出的方案都好厉害，完全膜拜，自己这个新手，不知什么时候才能抖起翅膀飞行。于是买了厚厚的书，逼着自己学习。

公司要求化妆，她为难极了。每天提前半小时爬起来，在脸上涂涂抹抹，经常洗掉重来。她把办公室里的那位白经理当成她的偶像，精致的妆容就像天然生在脸上，合身的套装，完美的曲线，完败她腰间松松的游泳圈。

白经理是小莫的上司，从不摆什么架子。但每当走过她身边的时候，小莫还是能真真切切感受到她的气场。

公司里的同事告诉她，白经理的老公是金融界精英，在内地打拼的香港人，金丝眼镜、白衬衫，裤脚总是整齐地卷起来，会绅士地为女士拉开车门。

后来，小莫加了白经理为微信好友，看到朋友圈里，白经理的一对龙凤胎宝宝在小泳池里拍打水花，她忍不住想，一个女人完美的人生，也不过如此吧。

七夕的早晨，白经理刚刚走入办公室，就闻到了花香。

这没有什么意外，他从不错过任何纪念日。

她坐下来，拿起手机，微笑，拍照，滤镜，配上文字：心情像花一样美。

不出十分钟，点赞与留言刷了几屏，她挑选了一些回复。

小莫觉得，七夕就是个虐单身狗的日子。所有人都忙着研究晚上去哪里约会，办公室的气氛跟平时大不一样。

晚上要去哪里？

小莫决定，去淘宝。买一件S码的衣服，挂起来督促自己减肥。

不知道是公司很人性化，还是因为近来销售额有突破，居然决定下午三点提前下班。

所有人欢呼雀跃。

小莫也雀跃了一下，可以提前回去淘宝。

午休时，白经理家里的保姆来了公司，说是下午要临时请假，家里老公来看她，于是把两个孩子带来公司。

一对龙凤胎，4岁多的年纪，可爱极了。小莫忍不住拿着零食去“贿赂”他们，牵牵捏捏他们的小手。

同时，她忍不住悲催地想，自己混得实在太差，连保姆都去约会了。

小朋友的动作没有轻重，一个扬手，哥哥打翻了果汁，小莫的身上幸运地“挂了彩”。

她拿着办公室里的备用衬衫，迈着她小猫一样的步伐，走到洗手间。

推开门，听到里面传来恨恨的一句，“我不要你的花，我只是希望你回家。”

小莫愣了一下，她觉得那是白经理的声音，但又仿佛不是。

她从未听过白经理用这样的语气说话。

或许真的不是。

小莫觉得自己要剁手了。

单身狗已经够惨了，真不想再做一只穷单身狗。

看看时间，才晚上七点半，烛光晚餐刚刚开始，浪漫电影还没有开场，她就已经花光了预算。

她忽然有点儿伤感，打开朋友圈，七夕的照片正在刷屏。她缩在沙发里，窸窸窣窣地打下几行字：我是不是被这个世界遗忘了。

发送出去一分钟，她又删掉了。

她觉得，朋友圈那么热闹美丽，或许不需要她的一句牢骚。

电话响了，一串陌生号码。

反正无聊，小莫接了起来。

声筒里传来焦急的声音，有些模糊不清，带着陌生的口音。

“你好，我听不清楚，麻烦您再说一遍，好吗？”

“我，我是白经理的先生，请问你是不是莫薇薇。”

这回小莫终于听清了。她把头发掖到耳后，为了方便分辨对方的普通话。接下来，当她听清了对方的表达时，像弹簧一样从沙发里跳了起来。

白经理的先生按照妻子公司的通讯录一个一个拨打，大多数人见陌生号码没有接，只有正无聊的小莫接了电话。

半个小时前，白经理给先生发了微信：孩子不见了，你快回来。

他身在外地，顿时疯掉了。

再拨打妻子的手机，却无法接通。

而此刻，他正飞奔在高速公路上，双手颤抖，大汗淋漓。

终于打通了小莫的电话，他激动地喊着：“她在哪儿？孩子在哪儿？你们报警了吗？为什么不报警？”

想起两个孩子的可爱模样，小莫眼泪快要掉出来了。

“你别急啊，慢点开车，我去公司看看，有情况打给你。”

一个人的力量恐怕不够。路上，小莫开始给其他人打电话。

其实谁也不知道该去哪里找孩子，大家心急如焚。

“别乱，先找到白经理再说，我和小莫分别去公司和家里，你们等消息。不行一会儿我们去报警”。

一个资历老的大姐还是有些章法。

办公室的门紧闭着。小莫掏出钥匙，她感觉自己的手有些抖。

她希望幸福的人永远幸福。

连旁观的人都无法接受这样的变故，白经理又如何承受。

打开门，静无声息，花香扑面而来。

微信叮当响了一声。

“孩子已经找到，劳烦大家费心了，打扰到你们过七夕很抱歉。”

小莫心里松了一口气。

回到家里，她打开朋友圈，同样的句子发在白经理的头像下方。图片是一张昔日的全家福，四个人灿烂的笑容，小莫看了很久很久。

第二天，小莫进入办公室后给了白经理一个大大的拥抱。

“无论工作还是生活，你都是我羡慕和学习的对象，所以你要好好的。”

看着白经理一脸惊诧，她又有些羞涩，转身跑回到座位上去。

小莫这样的姑娘，也会渐渐长大。

如今她可以五分钟搞定妆容，轻松驾驭高跟鞋了。

当然，最大的进步是，她开始在会议上提出自己的建议和看法，并可以做出完整的方案，站在所有人面前大方阐述。

小莫依旧不太喜欢发朋友圈，只是闲暇时看一看。给别人点赞，倒是从不手软。

朋友在吃饭时带来一个男孩给她认识，明摆着故意撮合。她依旧不多说什么，呵呵傻笑，吃什么都香。

总有男孩喜欢傻姑娘，并向她求了婚。

小莫祈祷自己不要再胖，否则戒指会嵌进肉里。

那一天，她太幸福了，于是破天荒发了朋友圈，并修了图。

一个老同学留言：怎么保养得这么好?

她哈哈大笑，自嘲：保养，我一直用美颜相机，效果真的不错。

白经理交上辞职信的时候，所有人惊讶极了，满脸不解。

小莫却淡定地没有说什么。

走的时候，白经理给了小莫一个大大的拥抱。

“真的幸福，就不需要展示自己幸福了。”

小莫笑了，“你一定可以。”

望着那个美丽而坚定的背影，小莫为她感到高兴，她想起了那件没有说过的往事。

那个夜晚的真相，她不放心而跑去白经理家里看到的真相。

关于一个歇斯底里的谎言，一个女人苦苦支撑的自尊。

可相比较于未来的路，相较于她与她正在跨出去的那些步伐，那些过往，就像朋友圈里被层层淹没的信息，真的，没有那么重要了。

第三章

对自己不满意，日子就会过得永远不如人意

每个人都有需要跨出的步伐

一年一度的同学聚会，让一部分人期待，一部分人躲避，一部分人疲惫。

要问江涛的想法，他也说不清楚。

读书时，他是班长，同学们中的灵魂人物，所以聚会一定少不了他。现在他在北京创业，算是同学们眼中的那种成功人士，仍然具有强大的号召力。

“涛，你猜我找到了谁？”大力神秘兮兮发微信。还没等回答，就迫不及待推送了名片过来。这符合大力的个性，急性子。

上学时，大力坐在江涛后面，每次考试都嘱咐江涛把身体侧一点，这样他可以抄。可惜他这个着急的毛病，导致他经常抄串行，依旧得不到高分，气得哇哇叫。

高中毕业后，大力留在家乡做了点小生意，过起了安稳的日子。

江涛点开名片，放大了头像照片，一眼就认出了孙洁。

高中时，孙洁总是追在江涛的屁股后面跑，几乎全学校的人，都知道她的那点心思。但江涛只是把她当朋友，保持着距离。

高中的毕业聚餐上，孙洁喝醉了酒，抱着江涛的胳膊表白，被江涛拒绝，从此就没什么联系了。后来，听人说她嫁了个做翡翠生意的老板，去澳门生活了。

进入孙洁的朋友圈，江涛忍不住笑了。这个疯女人，还是当初那个样子。

把曲奇做成大便的样子，给狗穿比基尼，在米其林餐厅里葛优瘫……行事作风一点都没变。照片里，有个小女孩经常与她一起出镜，也是一副搞怪的样子，看样子应该是她的女儿。

“同学聚会她也会来喔。”隔了半天，大力发来。

“好，你负责联络。”江涛回复。

毕业这么多年，小时候的事早就翻过去了。上学的时候，江涛也不是对孙洁没有一丝好感，但真心没考虑太多感情的事，后来就顺其自然了。再加上孙洁做事太大胆，总是别人议论的焦点，他有点儿惧怕。

原本，江涛大学毕业后去了北京一家体制内单位，一年以后便赶上互联网创业大潮，于是辞去工作，跟几个朋友一起创办公司。

每个人都对他竖大拇指，钦佩他的勇气。只有他自己明白，创业的辛苦，比上班累十倍。创业的风险，也远远超出大家的想象。

同学聚会上，有孙洁在，气氛简直不能再好。

这个女人嘴皮子顶厉害，能够一直滔滔不绝，这么多年过去了，依然没变。

可能是翡翠生意见到的人形形色色，多是有趣的事情，加上她那神采飞扬的添油加醋，所有人都笑得东倒西歪，跟着她的节奏跑。

“很多人拿着宝贝往我这里跑，个个以为获得了稀世珍宝，想传给子孙后代。可是百分之八十，就是价值一两百块钱的破玻璃。”

“有一次，一位富太太来找我们要把东西卖掉，结果我们鉴定了一下，告诉她，还是回去再奋斗几年吧，下次记得跟老板要现金。”

一群人哈哈大笑，孙洁掐着餐巾纸，也呵呵地跟着乐，眼神却一直游离着。

那一天，江涛没什么心情，总是心神不宁地看着电话。

与投资人发生分歧，这是创业者遇到的最头疼的问题。电话时而打来，他便起身去顶楼接，争吵、辩解、互不接受，挂掉电话，江涛觉得，做点事情怎么就这么艰难。所有的利益纠缠在一起，他真是头大。

最后咬了咬牙，索性关机，将手机扔在包里，拉着大力喝酒。不管了，逃避一回又怎样，天大的事明天再说。

“班长永远是班长，我们都在撅着屁股打工，人家已经创业成功，还融了资。班长，给同学们露个底，是不是在冲刺新三板？”

闹哄哄的气氛中，总有人这样起哄。江涛不多言，只是笑。他知道，谁也不了解谁内心的真实感受，他们也没有恶意，都是表达善意和关心罢了。

小时候的情谊就是这样，多少年过去了，都不觉得有距离，能够十分自然地打个招呼，一起喝酒。但是江涛很理智，他知道这样一种结果，不是因为彼此仍然互相懂得，而是所有人在某一时间选择了共同穿越，他们所面对的，都是曾经的自己与对方。

每个人都很疲惫，偶尔需要这样去回忆，这样抱团取暖。

当孙洁拿着酒杯站到江涛面前时，他已经微醺。

他看着眼前这个女人，穿着酒红色的连衣裙，比以前好看了不少，短发变成了长卷发，素颜变成了恰当的妆容，尤其是眼神里，多了些历练，也有些妩媚。

他脱口而出，“以你现在的样子，如果能管住嘴不说话，还挺像个女神的。”

“可是我就是你看不上的那种女神经啊”。孙洁大咧咧地笑，露出白白的牙齿，挑衅地晃着酒杯。

“昨天加了你微信，在北京做互联网？”

“是。”

“现在创业公司都很艰难，你还好吗？”

“凑合。”

“回答一定要这么简洁吗？”

“不一定，但我现在舌头不太好使。”

孙洁招牌式的笑声再度重现，“喂，这里有点儿闷，要不我们出去透透气吧。”

走到顶楼，江涛又想起毕业聚会上那次孙洁对他的出击，扭头看看，不由得有点打怵。

孙洁瞄了他一眼，若有所思地笑道，“放心吧，我不能欺负你。”

那一天，江涛忽然发现，在所有的同学里，大家都只能畅聊往事。居然只有和孙洁，可以分享现在的经历和烦恼。

互联网的人口红利正在结束，全中国只要能上网的人都成为网民，各大平台的优势几乎不可撼动。

孙洁说，投资人烧钱不是为了慈善，都是为了利益，在这样的恐慌下，如果一个坚守理想，一个利益至上，很多合作都会出现危机和裂缝。

江涛惊讶地看着这个女人，居然能将他的困境概括得这样精准。

他都明白，只是需要时间去找到那个答案。

当初创业，是为了什么。如果必须有所舍弃，要坚持什么，放弃什么。

酒足饭饱，同学们嚷嚷着去唱歌，让人到顶楼喊他们。

孙洁抱歉地跟大家解释，“我实在不能去了，女儿还小，我要回去陪她。”

“你老公不能陪吗？”

孙洁笑着摇头，坚持跟大家告别。

欢聚过后，每个人都回到自己生活的轨道，面对各自的酸甜苦辣。

三个月后，江涛与投资人彻底谈崩，对方毅然撤资。他终究还是做出了自己的选择。

那天，江涛在朋友圈发了一条状态：天黑了，我的心却异常安宁。

公司的人走了一大半，业务接近瘫痪，连几个骨干也有些坐不住了，纷纷找到他，“江哥，要不要想想办法，我们得振作起来。”

江涛明白这些人的苦衷。他们人很好，想要跟公司同进退，但是都有漂泊在外的不安全感，后面也有老婆孩子要吃饭。

他需要迅速整理这片残局，但这真不是一朝一夕可以做到的事情。

这些人，都是曾经跟着他奋斗过的兄弟，让他们挨饿去等待，去承担这份不确定，他做不到。

思前想后，他给每个人多开了一个月工资，告诉他们，公司停业了，祝大家以后有更好的发展。

到达澳门机场的那天，江涛给孙洁打了电话。他是要出去散散心没错，却不知自己为何会来这里。

或许是某一天他打开孙洁的朋友圈，看到“告别过去，才能拥有今天；告别错的，才能和对的相逢”。

“我承认，我失败了。”江涛说。

“失败有什么了不起呢，世界上每一天都在发生。”孙洁云淡风轻，将他的行李箱放在后备厢里。

江涛越来越发现，在这个女人嘻嘻哈哈的背后，有着非常强大的内心。

“有你这么聪明的女人，难怪你丈夫的生意很成功。”

“这位先生，请不要恭维我。遇到我之前他就成功了，所以功劳呢，与我无关。更何况，他已经死了。”

江涛愕然看着对面的女人，“对……对不起，怎么会呢，同学聚会你没有说啊。”

孙洁嫣然而笑，拉开车门，“上车吧，先生，同学聚会你也没有说公司做不下去，不是吗？那是回忆的盛宴，又不是现实的残酷展览馆。”

五

每个人，都有需要跨出去的那一步。

对于孙洁而言，是接受孤独。对于江涛而言，是接受失败。

城市的霓虹灯下，每个人都有难以言说的痛。而知道这种共性，心也便豁达了许多。

那些朋友圈里光芒万丈的人，也都在这样的潮涨潮落里颠簸。你看不懂，才会觉得世事皆完美，只有自己在摇晃。

那些从不相信的和一直坚信的

一

像张友友这种晒妻狂魔，梁子最鄙视。

“买了各种炖汤药材，晚上给丫丫煲汤。”

“丫丫演奏的时候，就像个女神。”

“最近丫丫排练辛苦，都瘦了，心疼死宝宝了。”

梁子总是挤兑张友友，“你是不是没别的事干，媳妇就是上帝吗？”

张友友满不在意地傻笑，“我乐意，你就是忌妒我。”

梁子一直没有女朋友，朋友也寥寥无几，所以空闲时就找张友友出来。他感觉自己像是跟丫丫争宠，在张友友不必陪媳妇的时候，抓紧时间将他拎出来。

梁子从小就独来独往，可能是因为家里是做白事生意的，性格又孤僻，不爱笑。小学起，同学们像是有某种禁忌一般，不太与他亲近。

当然，只有张友友这个没心没肺的家伙例外。

有小朋友拉着张友友，神秘兮兮地说，“你离那人远点，不觉得他身上带着凉风吗？”

张友友煞有介事地点头，“是啊是啊。”

对方连忙接话，“你看，连你也这么认为吧？”

张友友答，“不过我这人天生燥热，就喜欢贴着这冰块。”

多年以后，张友友还提起这件事。“燥热？亏你说得出口。”梁子嫌弃地斜眼看他。

在梁子眼里，张友友是个特别好的人，热心肠，一门心思地对人好。对梁子是这样，对丫丫也是这样。

但梁子不喜欢自己，一直都不喜欢。

如今，梁子帮家里打点生意，每天接触的都是眼泪与离别。日子久了，仿佛世界也总是冷冰冰的。

梁子家里经济条件很不错，也相过几次亲。不过女孩子们还是加了微信后，纷纷消失。一些是被梁子的性格挫败了，一些也当真介怀梁子家的白事背景，总觉得后背发凉。

梁子不以为然，反正独来独往惯了。

梁子的朋友圈几乎是空白的。他时而会去看看别人的，但自己很少发什么。

“你本来就不爱说话，脸冷得像冰川，朋友圈又像张白纸，别说姑娘们了，我仔细想想都瘆人。”张友友打击他。

“那你让我发什么？发工作，哀乐、墓碑、纸钱、菊花、眼泪；发女朋友，没有；发朋友，你又不帅；发业余生活，你依然不帅。”

“闭嘴，我都是好心，你还埋汰我。”张友友翻着白眼，抬手给了他一拳。

当张友友得知梁子喜欢上一个女孩时，还是大吃了一惊。

仔细回想，梁子上一次喜欢女孩，大概是十几年前的事了，上高中的时候。

那女孩是丫丫的同桌，长得美，但也是高冷的性子，不太爱理人。当时张友友总是调侃，“你可真会找，你们俩要是凑一起，就是哈根达斯双球吧。”

“哈哈哈，太好笑了。”梁子一声不吭，笑得花枝乱颤的，是丫丫。

梁子不懂得怎么追女孩，请教张友友。

当时，什么天热送冷饮、天冷送热汤、节日送鲜花、平时送小礼物，张友友就已经掌握了全套。当然，为了让事情更加顺利，张友友发展了丫丫做他的军师。

只是事情的结果，高冷女神绝尘而去，倒是张友友把丫丫骗到了手。

时隔这么久，梁子又动了凡心，实属不易。张友友瞪着好奇的眼睛，非要梁子说说事情的经过。

认识女孩，是在一场葬礼上。

是的，多么不适宜的场所，连梁子自己都觉得难以启齿。

女孩不着粉黛，一袭黑衣，安静地站在一旁。他就看了那么一眼，却怎么也无法移开目光。她一直没有流泪，只是看着父亲的遗像出神。

梁子看到，她的手指是颤抖的，微微攥成拳。

仪式结束，所有人，走出礼堂，他看见女孩眼里忽然涌出泪水，大颗大颗滚落下来，打湿了衣领。

这么多年，他见过太多不舍与悲伤，麻木到已经习惯。但那一天不知道为什么，他的心，也跟女孩的眼泪，下起了雨。

几天后，葬礼的全部流程结束，梁子去结款。接待他的，正是那女孩。

他坐在沙发上等了一会儿，女孩穿着一身素色运动装回来，保姆说，她有晨跑的习惯。她向他点了点头，“不好意思，梁先生，请稍等我一下。”

他看见她满脸都是汗，头发贴着皮肤，像是被雨淋过一样。

在一个女人的形象中，这应该是不太美观的一种情形。可梁子还是感觉，心脏扑通扑通跳个不停。

事后，他找出女孩的电话号码，忐忑地加了她的微信。第二天，他看见女孩已经通过。他的手机里，从此有了那个安静躺置在那里的头像。

“然后呢？”张友友问。

“没有了。”梁子答。

张友友带着几份计划书找到梁子，迫不及待地交给他看。梁子皱着眉头，“你干吗这么兴奋呢？”

张友友憨憨地说，“您老人家动一次凡心太不容易，上次失手了我很过意不去，这次一定要严密计划，勤奋实施，让你抱得美人归。要不然，万一你再蛰伏个十几年，我可看不过去。”

梁子翻了翻那几页纸，鄙夷地扔开。

“这么多年过去了，你怎么还是那几招呢？”

“哎，你这人，我这招要是不好用，丫丫能嫁给我吗？她可是会拉大提琴，学校公认的气质美女。”说着，张友友露出一份志满意得的表情。

“老婆奴。”梁子无奈叹气。

按照张友友的计划，首先最重要的两件事。一是要知己知彼，也就是充分了解这个女孩。途径，可以通过朋友圈。二是要让梁子一点一点出现在女孩面前，逐步增强存在感，而不是像个隐形人。途径，依旧可以通过朋友圈。

张友友抢过梁子的手机，点击女孩的微信，写写画画了好一会儿。然后为梁子总结：

蔺雪，比你小一岁，实习医生，在某知名大型医院。喜欢宠物，但是因为有哮喘，所以寄养在亲戚家里。父亲是大学教授，因胃癌去世。她平时喜欢看电影，喜欢度假，喜欢跑步健身，不喜欢浓妆，不喜欢泡吧，不喜欢偶像剧。

“我都知道啊。”梁子抠着指甲，蔺雪的朋友圈，他翻来覆去看了很多遍了。

“好，那下一步，从今天开始，你要发朋友圈。”张友友严肃地看着梁子。

“我……”

“没商量，必须要。”

“我是想问，要发点什么呢？”

“哈哈，这太不像你了，看来你陷进去了。”

和蔺雪约定见面的那一天，梁子特别紧张。张友友忍不住咂着舌头，“看不出来啊，你小子平时一副云淡风轻的样子，好像阎王跟你是哥们，今天也慌成这样，哈哈哈……”

听从张友友的建议，他在朋友圈发了许多自己的心情和状态，或是对事情的看法。又渐渐地与蔺雪在朋友圈中相互点赞或评论。

再到时而聊几句天，当然最紧张的就是今天的见面。

这次见面很突然，梁子提议了几次，但是蔺雪每次都以加班为理由挡了回去，这搞得梁子很郁闷。不知道是借口，还是真的工作忙。

这一天，梁子本来约了张友友吃饭，顺便去买几款模型。蔺雪忽然发来信息：加班临时取消了，你有空吗？有空我们在医院旁边的咖啡厅见吧。

张友友被抛弃了，但他很高兴，不断给梁子加油打气。

“你怎么办？干什么去？”

“你管我干什么，我去找丫丫，给她个意外惊喜。”张友友满不在乎地傻笑。

“你知道，我最担心什么事吗？”

临走的时候，梁子呼了一口气，认真地问张友友。

“什么？”

“我担心，当她看见我，就会想起父亲的葬礼，想起冰冷的死亡，想起痛彻心扉的离别，那样的话，要如何谈情说爱呢？”

张友友愣了一下，这个时候他应该坚定地说，“一定不会的。”

可他终究没有说出口，也终于明白，梁子的心结并不是没来由的。这么多年，从友情到爱情，他所承受的压力和困难，都不是某些少年的“为赋新词强说愁”，真是现实存在的病灶。

“祝你好运。”张友友这样回答。

从咖啡厅出来，将蔺雪送到家，梁子第一时间给张友友打电话。这世上能够与他分享心事的，就是这个珍贵的朋友。

那一天，梁子心里想象出来的所有疑虑，都一一化解。

面前的蔺雪稍微胖了些，化一点淡妆，有那么一丝疲惫。她说，其实自己还有家人都对梁子很有好感。在他们最悲伤的时刻，完全乱了心神，不知如何是好的情况下，看到一个沉稳的男孩，前前后后认真打理好一切，内心是感激而敬重的。

他们一致认为，在年轻人中，这样稳重和有责任心的男孩子，并不多见。

梁子听了特别感动，他索性说出自己的担心。

蔺雪笑了笑，“你忘了，我是在医院工作，每天跟你一样见证太多生老病死，人间悲痛。在我心里，不会把不同的情绪混杂在一起的。我对你的职业，只有崇敬，没有半分歧视。”

将蔺雪送回家，天色已暗，梁子却觉得内心阳光明媚，他决定立刻找张友友喝一杯。

打了很多遍电话，不接，于是打了丫丫的。

电话接起，一个冷漠的声音响起，“你去警察局找他吧。”

警察局？梁子心里一沉。张友友从小就胆子小，从来不爱惹是生非啊？难道他遇到麻烦了？

他迅速挂上电话，向警察局方向踩下油门。

那一天，张友友打算给丫丫一个意外惊喜。但是，只有意外，没有惊喜。当他带着水果，到练功房去接丫丫时，却看见了一对相拥的男女。

他不敢相信自己的眼睛，水果散落一地，有一个调皮的，一直滚落在丫丫脚下。

四目相对，尴尬至极。

张友友从来没有和别人打过架，但那一刻浑身的血液都在沸腾，他抽出了水果刀，冲了上去。而那把刀，本来是想要削水果用的。

他没有什么打人的经历，只是胡乱比画着，却意外地割断了那个人的大动脉。

当梁子赶到时，张友友正在审讯室里，他隔着玻璃，看到那个一身是血，但是目光涣散的朋友。

他眼泪忍不住涌出来，不停地跟警察说，“他是个好人，他是有苦衷的。”

丫丫说，“我要的不是一碗热汤，而是能和我聊天，谈艺术，相互懂得的人。”梁子大怒，“友友这么多年的真心都喂了狗！”

蔺雪冷静地拉走了梁子，拽着那个红了眼睛的男人，离开了那个已经破碎的家。

“走吧，她的人生也毁了，不如就此告别。”

关押之前，张友友被获准回家见父母亲人，安排一下自己的生活。

梁子也在家里等他。一屋子人，谁也不说话，每个人都流泪。警察就在外面等，张友友说，等等我，我去拿点东西。

走进卧室，他却再也没出来。

几天后，张友友的葬礼由梁子操办，他穿着制服忙前忙后，就像对待所有他曾负责过的告别。

丫丫前来吊唁，被张家人羞辱着赶走了，甚至差点大打出手。梁子出面，让人护送走了她。毕竟是张友友爱过的女人，像蔺雪说的，不如就此告别。

跳楼之前，张友友发了一条微信，图片就是那扇窗口，配文：丫丫，此时我想喝下一碗孟婆汤。

每个人的生活范围，远远超过一个朋友圈。但许多点滴，也可以从这个窗口瞥得一些影子，幸福的，悲伤的，团圆的，错过的。

工作累了的时候，梁子就会到张友友的墓前坐一会儿，对着空气喋喋不休。

“我结婚了，要感谢你。微信卸载了，否则总是忍不住点你的头像。你在那边等着我吧，游戏升级别升太快，狠心的东西！”

一片树叶飘落，在落地前听到了这样的悄悄话。

爱面子的人，通常都没什么面子

一

面子这个词，字面意义上，指的是人的脸面，实际意义也差不多。

所谓脸面，就是一个人摆在最外面、装饰好了给人看的部分，至于其中有多少虚假、多少水分，也只有这个人自己的心里最为清楚。

一个人要提升自己，他需要付出许多努力，但是如果只想要一个摆给别人看的表面，那就容易很多，所以有不少人会选择捷径，通过装饰脸面来获取那些本不属于他们的虚荣。

在喧闹繁华的都市内，每一个人行色匆匆，其中有一个人，他叫宋州。

他的人生轨迹就如同大多数人那样，读小学，读中学，读大学，走上社会，他的工作也类似绝大部分人，是个挣扎在温饱线上的打工者。

本来这样一个人，平凡、普通，当他在人群之中穿梭时，不会有人对他产生任何深刻的印象，但恰恰就是这样的现实，造成了他内心的苦闷。

他不能接受自己是这样一个毫不出彩的人。

读书期间，他算是一个成绩不错的学生，在同学之间也算是有些威望。那时候他一直觉得，当走上社会时，他必定能够做出一番事业，成为所有同学中的佼佼者。

但现实总在打他的脸。

当离开学校，他才意识到，原来他向往的工作岗位并没有那么容易就能得到，他得从最底层做起，他得付出远远超出他想象的辛劳才有可能取得更高的成就，即便如此，他也需要时间来积累资历。

而他并不如他所期望的那样能力卓绝。

事实上，比起努力钻研行业技术，他把更多的时间用在了怀念过去。

他怀念单纯的学生时代，怀念那可以轻而易举就得到奖赏的往日时光。

现实像是残酷的利刃，削平了多少如宋州这样曾经高傲的莘莘学子。

在理想和现实不断交汇之下，宋州的内心渐渐变得失去平衡。他开始一点点地给自己穿上虚假的外衣，只为得到他渴望的那点虚荣。

一个好处是，他所在的城市里并没有什么旧识，他的中学和大学同学们都分布在全国的其他城市里，而在这个有些偏北的城市内辛苦讨生活的只有他自己。所以，当打开微信上的同学群，当大家一起天南海北聊着各自的生活时，没有人知道宋州的真实生活是什么样子。

而他也就不必把自己目前的尴尬状态告诉这些人。

他有两个微信账号，一个用来联系工作上的同事和上司，另一个则用来跟老同学们保持联系。他从来不会把任何工作上的事情发在与同学相关的微信账号上，这样操作起来有些麻烦，但至少可以帮助他保留一点面子。

而面子，对一些人来说，是非常重要的东西。

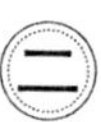

宋州的一天是从刺耳的闹铃声开始的。

作为一个最普通的上班族，他的每一天几乎都没什么不同，起床，工作，吃饭，下班回家，其中工作的那项也跟大多数人一样，没有任何能给人带来愉悦的东西。什么青春啊热血啊，都仿佛是上辈子的事了。

不过在这样日复一日的时光里，每个月里某一天却十分特殊，它就像是一望无际的沙漠中的那一点绿洲，能给一段充满绝望的人生带来一点鼓舞人继续前进的养分，是黑暗中指引方向的北极星。

那一天通常被叫作发工资的日子。

当宋州被闹铃声吵醒后，当他睁开蒙眬的双眼，面对的正是这个特别的日子。

宋州并不是个记忆力很好的人，他能忘记很多东西，包括自己的生日，包括跟女朋友的恋爱纪念日，但唯独这一天却是刻在他的灵魂里，想忘都忘不掉。

所以，当他起床洗漱时，他的脚步都比平时轻盈了许多。

他的心情无比轻快，刷牙时嘴里都在哼着歌。

当一切收拾妥当，他打开电脑，开始查询他的账户余额。

余额上显示了一个让他感到愉悦的数字。

其实这个数字并不算很大，在他所在的城市里，甚至买不来一平方米的房子，但却足够他买到一直以来渴望的东西了。

让余额达到这个数字并不容易，他赚的不多，而物价昂贵，他必须省吃俭用。他几乎不敢出入稍微高档一点的餐厅，哪怕与女朋友约会，都是选在路边摊麻辣烫，平时出门不论多急都只坐地铁，从来都不叫出租车。

而一切的一切，都只是为了他最想要的那件东西：一件价格昂贵的西装。

有时候男人和女人的想法其实十分接近，女人会为了一件裙子一个包而付出一切，男人同样也会为一块手表一件西装倾注许多。

于是这整整一天里，宋州的满脑子都在惦记那件西装，连工作时都无法集中精神。

下班之后，宋州第一时间就奔去了那家西装店。

店老板是个很热情的中年男人，在宋州换衣服的过程里，不停地在他耳边对西装的保养问题喋喋不休。

宋州微笑听着，这些理论他早就熟记在心，但他并不介意再听这位老板说一遍。因为比起内容，他更享受在这西装店内听店老板细心嘱咐的过程，也说不上为什么，但这种感觉使他感到棒极了。

这西装几乎是为他量身打造的，不论是版型、袖子的长短、纽扣的位置，还是在自然光线下它反射出的优雅的色彩，都与他如此契合，就好像他们上辈子曾经在一起过。

刷卡的部分是最精彩的。宋州永远都不会忘记，当他的工资卡在刷卡器上划过，以及随后收银员递上收据时的那种兴奋感。

他省吃俭用了大半年，为的也就是这一刻了。

第二天是周六。

风轻日朗，天气不错。

宋州跟女朋友小美约好了在咖啡店碰面。或许因为心情好的缘故，他去得格外早，当他到达那里时距离约定的时间还早，他干脆一个人坐在那里安静享受这片刻的独处时光。

都说人靠衣装，其实衣装影响到的并不仅仅是一个人的外表，更能影响到这个人本身的精神状态。穿着这件价格不菲的西装，宋州自己也宛若一个成功人士般，甚至待人接物的态度也与过去产生了微妙的不同。

宋州长得不算特别出众，但他眉宇间有一股英气，只要他打起精神，再经过一番打扮，从外表上看他仍然能说得上是赏心悦目。

他打开手机给自己拍了个自拍。这照片拍得十分含蓄，甚至没完整露出他的脸，照片上最显眼的部分是他的西装袖扣和被他端起的那个咖啡杯。

咖啡店的顾客渐渐多起来，他随手拿起一份汽车杂志，漫不经心地翻了几页。

他的目光注视着杂志上各种漂亮的车型，他认为有朝一日这其中有一辆将会属于他。

直到一个熟悉的声音打断了他的遐想。

“想买哪辆？”

他抬起头，看到穿着连衣裙的小美正在对着他微笑。

“你来早了。”他微笑看着小美。

如果说宋州在他苦闷的人生里有什么是闪闪发亮的，那大概就是小美了吧。他很庆幸上天并没有夺去他所有的幸运值，虽然比上不足，但比起那些连女朋友都找不到的人，他还算是比下有余。

只是他有时候也会感到忐忑，这个社会瞬息万变，他无法确定如果再这么继续下去，他跟小美究竟还能一起走多远。

小美坐了下来，给两人点了咖啡和一些点心。

他们的约会充满了浪漫的文艺气息，好在文艺并不需要耗费太多金钱，而宋州也可以沉浸在他正过着高品位人生的幻觉之中。

他们聊了聊最近读过的书。其实宋州很久都不读书了，他已经拿不出太多的东西对小美说，所以当谈话时，多数都是小美在谈。表面上这一切都很和谐，但他心中却隐隐升起一种让他不安的落差感。

他正在一步一步走向庸俗，而小美却依旧停留在象牙塔。

离开之前，他拍了一张照片，是他的手握着小美的手，背景是咖啡店的落地窗。

周六是个能让人忘掉一切、全然放松的好日子。他跟小美去了很多地方，公园、商场、小吃街，其间小美询问过他的新西装，被他含糊应付过去，而小美十分善解人意地并没有更多探究。

晚上回家后，他把这一天的照片发上了只用来联络同学的朋友圈。

他很久都没在朋友圈发过照片了，毕竟，这大半年来，他的人生实在没有任何能拿得出手的片段。

所以，当他在朋友圈上发出这些照片后，很快便激起了不少水花。

“你现在做什么呢，老哥？小日子过得不错啊。”

“一不小心被闪瞎。”

“才子配佳人，不愧是你宋州。”

……

这许许多多的评论都来自老同学，里面充满了羡慕和赞赏。当一条条刷下来，连宋州自己都产生了一种他已经走上人生巅峰的错觉。

仿佛他真的就是朋友圈里的那个已经事业有成，人生道路一片顺遂的赢家。

日子在不断发酵。

虚荣能使人上瘾，当你尝过它的甜头，你就很想继续一尝再尝。

上一次在朋友圈中被众人羡慕的经历给宋州的虚荣心带来了极大的满足。他并不是一个骗子，但是不知不觉地，他已经开始在朋友圈内编造谎言，甚至当他说出那些话时，连他自己都对此深信不疑。

他并没有明确说出自己的身份，但在话里行间，他已经显露出自己在行业中呼风唤雨的力量。

在微信上有一个同学群，大家经常在一起交流现在的生活状态，里面不乏对经济不景气的抱怨之声。

宋州过去几乎没在里面说过话，但渐渐的，当有人讨论名表、讨论房车、讨论高档餐厅时，他开始加入话题，就好像这些都是他生活中的一部分。

这个群里不讲话的人居多，活跃的总是混得比较成功的那几个。虽然不知道有多少人会看，但当宋州跟大家一起讨论时，他沉浸在了一种虚构的错觉之中。

就好像他真的做成了什么。

他的人生被分成了两个部分，一部分是现实中的苦闷日子，另一部分是在老同学朋友圈内的虚拟形象。虚拟的那一部分不断渗透他的灵魂，久而久之，哪怕他在现实生活中时，他仍然会产生自己其实是个人生赢家的错觉。

他并没有意识到这有什么不对。

他的脾气开始变得暴躁。

有一次，小美因为工作上遇到了麻烦而对他抱怨，电话里，小美在那边说，委委屈屈的，而宋州在这边听，一言不发。

小美在一家公司做前台，遇到不讲理的客户是常事。

不知怎么，在听着小美抱怨的过程中，宋州的思绪飘回了某天跟一个家里做生意的老同学的聊天内容。老同学谈到当他妻子工作不顺心时，他直接让妻子辞掉了工作，并给了妻子十万块钱让她去旅行。

小美仍然在电话那头抱怨着，宋州忽然发起脾气来，他大声对小美说不要再为了这点鸡毛蒜皮的事情烦他，这工作是她自己选的，为了生活就得忍。

小美没听他说完就挂了电话，而直到电话被挂断，宋州仍然处于恼火之中。

他紧紧握着手机，紧皱着眉头，他的恼怒与其说是因为小美，倒不如说是因为他自己。

他心中憋着一口气，熟悉的苦闷感再度洪水般向他袭来，而他让自己平静下来的方式就是去同学群里跟大家聊聊天。

最终的爆发是在半个月之后。

那一天，宋州浑浑噩噩的，因为前一天他在同学群里聊到很晚，他的睡眠严重不足，第二天，当来到公司时，他仍然处于半睡半醒的状态。

公司里，老板把他叫去了办公室，让他把之前做的 PPT 通过微信发给他。他回到自己的岗位上，先是把 PPT 传到手机上，接着直接打开微信发了出去，同时告诉老板说：如果哪里有问题可以再修改。

他发完这条就趴在桌子上打算小睡一会儿。

但很快，他就惊坐起来。

他打开手机，发现那条消息被发到了同学群内。

这宛如噩梦般的事情竟然在现实中发生了！

虚拟的人生和现实中的人生终究交叠在一起，这滑稽戏一般的剧情正在他的面前真实上演。

他已经无法撤销那条消息，现在，这个群里的人都将清晰看到，他并不是什么成功的创业老板，他只是个在一家小公司里给人做 PPT 的小职员。

他的手开始发抖。

他立刻关闭了微信，甚至把微信从他的手机上删除。

但是不行，三分钟后，他又把微信装回手机上，登陆了工作用的账号。

从那天起，宋州再也没敢登际与同学相关的账号，甚至不敢跟任何一个老同学联系。他也根本不愿去想象自己在同学群中成为了一个怎样的笑话。

他精心为自己营造的虚假泡沫是如此脆弱，轻轻一碰就碎的一点都不剩。苦心经营的面子，说到底，不过是一场笑话罢了。

他不会知道，群里只是有人说了一句，宋老板发错了。随后那条信息很快就被顶了上去，大家聊起新的话题。

在别人的人生里，他就只是指尖的那轻轻一划，真的，没有那么重要。

逃离现实30天

一

入秋以来，S市的天空时常笼罩在一层阴沉沉的灰色之内。而人又是非常容易被环境干扰的物种，在这样的日子里，很少有人还能保持良好的心情，除非他真的是一个毫无烦恼的乐天派。

带着萧索凉意的秋风穿梭在城市的楼宇之间，掠过每一个匆忙走过的行人，将那一份独属于秋季的落寞悄然无声地浸在人们的心头。

而那些飞速奔跑的车辆，它们看起来只是些冰冷的钢铁外壳，但当城市变得拥挤，当街道上此起彼伏地响起令人烦躁的喇叭声时，人们会发现原来这些钢铁外壳也是有情绪的。

当然，真正的情绪来自于车内驾驶位上的人们。

王小沫的职业就是处理这些人们的情绪，以及因为这许许多多的情绪产生的许许多多的问题。

他是一个交警。

这在许多人看来是个不错的职业，受人尊敬的岗位，值得期待的发展前景，无论如何，当王小沫向亲朋说起他的职业时，总能得到许多钦羡和赞许之声。

只不过，或许是秋季太过感性的缘故，这些日子以来他总沉浸在一种低落的情绪之中。

这是一种因现实和理想之间的落差而引起的自我怀疑。

这种落差存在于方方面面，因为理想总是高于现实，一个人哪怕已经实现了一切，他也总能在现实中找到跟理想不那么匹配的东西。因为总有些惹你心烦的人和事涌现在你的面前，让你怀疑自己是否正走在那条曾经期望去走的道路。

王小沫的心事便源自于此。

他并不是不热爱他的职业，只不过，当一次又一次处理那些让人心疲力竭的交通纠纷，当一次又一次见识到人们的胡搅蛮缠时，他开始不停地问自己，这就是他想要的人生吗？

每日里与这群人打交道便是他想要的人生吗？

比如此时这个站在他跟前的中年男人，看年纪大概四十多岁了吧，应该已经结婚，有儿有女了，他正满眼不耐烦，皱着眉头告诉王小沫他没喝酒。

“我没喝酒，不信你闻闻。”

王小沫不需要闻，酒精味道早已经飘满在他们两人周遭的空气之中了。

“请出示你的驾照。”王小沫继续重复他的要求。

“我说了，我没喝酒！我要赶时间，你能不能快点放我走！”

“请出示你的驾照，你喝没喝酒等我同事来会给你做测试，我现在不能放你走，因为……”王小沫几乎如同背书一般说着这些他不知道说过多少遍的话。

当他口中说出这些话时，他的脑袋几乎已经放空了，他完全能空出他的脑子去想一些别的东西。

比如，为什么我正站在这里，为什么我要跟这样的人打交道，为什么生活是这样空虚和无聊？这并不是我曾经设想过的人生，为什么我还在浪费生命？

同事拿着酒精测试仪赶过来时，王小沫早已不知魂游去了哪里。

事件仍然在处理中，而王小沫，却开始起了逃避之心了。

当王小沫下班脱掉制服，太阳早已经落下西山。

他踏着被星空和路灯照亮的街面，怀揣着一股由秋风带来的萧瑟心情，一路回到他的单身公寓。

当走进家门，他并没有直接奔向他的床，而是来到电脑前，打开浏览器，随便看看今天的新闻消息。

在网络媒体飞速发展的今天，门户网站上发布的新闻却并没有太多的新意，或许因为网络也好，报纸也好，都不过是一种媒介方式，里面登载的内容其实和几千年前并没有什么不同，都只是各种各样的人罢了。

而当你看多了，就会发现人与人是何其相似，又何其不同，这在几千年前是这样，几千年后也未必不是这样。

王小沫只随便翻看了几条，并没有哪条新闻引起他更多的注意，倒是在网页的右下角，一个游戏广告吸引了他的目光。

这个游戏广告他见过很多次了，但不知怎的，这一次他忽然有了兴趣。

他点开广告，进入了一个页面，上面提示让他下载客户端，他想都没想，直接点击下载。

下载这个客户端需要几个小时，他没兴趣等待，直接把电脑放在那边，自己则离开座位，一番洗漱之后便躺到床上睡去了。

这天夜里，他做了一个十分漫长而又令他倍感疲惫的梦。

他梦见自己走在一片荒凉的沙漠上，他的身边只有一支长枪和一匹高头大马。他一手牵着马，另一只手提着长枪，一步一步朝沙漠的最深处走去，在路的尽头，他看到那边有一座破旧的古城。

他继续向前走，身边开始出现狡诈的马贼，他举起长枪将这些马贼一个一个解决掉，当马贼倒在他枪下，他感到自己就如同战争时期的英雄。

后来他上了马，身边的马贼越来越多了，他在马背上挥舞长枪，把这些马贼们纷纷挑落在马下，而他，拉紧缰绳，驾着马飞奔进那座古城之内。

就在他进入古城，尚未看清楚城内都有什么的时候，他忽然惊醒过来。

他听到那阵熟悉的闹铃声，那是把他从古城旧梦拉回到现实之中的“罪魁祸首”。

他关闭了闹铃，看到窗外已经亮了天。

而他才想起，今天是他的休息日，一定是昨天上床时忘记了关闭闹钟。

而他也终于想起这个梦来自哪里，长枪、大马、古城，都来自于昨天夜里在电脑上看到的那个游戏广告。

想起这个，他起身来到电脑前，发现那个游戏已经下载完成。

王小沫靠在椅背上。

他身上正穿着睡衣，虽然是秋天了，但屋内还算暖和。

他的手正握着鼠标，他的脑海中仍在重复昨夜那场神奇的梦境。

他点击了安装。

很快，游戏安装成功，他点击进入。

王小沫从来都没玩过网络游戏。

他并不是那种会把闲暇花费在毫无意义的事情上的人，所以，在读书期间，当同学们都在打魔兽的时候，他却在学习、在健身，他认为那些游戏都不过是在耗费人们的生命。

所以此时，当他进入到游戏世界内时，他的内心里仍然有一个声音在告诉他，只是随便看看，看过之后就删掉。

不过当他开始渐渐投入到游戏之中时，他内心的那个声音也变得越发微弱了。

他发现，原来游戏真的很好玩。

不仅仅是因为游戏本身优秀的建模设计，也不是因为打怪升级多么让人执着，单说游戏世界中没有令人心烦的胡搅蛮缠这点就足以让他继续玩下去。

他也开始理解为什么当初那些同学们会那样喜欢沉浸在游戏中了。

游戏世界与现实世界是截然不同的。在现实世界里，你会被一些琐事折磨得心烦意乱，会因为各种各样的意外事件而无所适从，但是游戏世界却不存在这些，在这里，如果你看谁不顺眼，直接举起长枪把对方刺倒就好。

王小沫很快就爱上了这款游戏。

他开始积极做任务，尽可能地打怪，升级。

作为新手，王小沫的级别还很低，遇到打不过的怪也在所难免，在这种情况下，他会先放弃打这个怪，先努力升级，再回去打。

但当打到 12 级时，他又遇到一个他打不倒的怪，正打算放弃时，忽然旁边冲过来一个美女，用一把长刀帮他将那个怪砍倒在地。

王小沫抬起了眉毛。

好一幕美女救英雄！

他点开聊天框，对那位美女说了句“谢谢”。

对方很快回复他“都是江湖中人，何必客气”。

王小沫忍不住笑起来，他发现自己很喜欢这种感觉。

他说不好这是什么，大概就是那种纯粹感。他开始明白为什么那么多人喜欢看武侠小说和影视剧了，或许也是因为这份纯粹感。

这游戏赋予了人们一个正义侠客的身份，而当投入到游戏之中时，人们也真的把自己当作了一个了不起的侠客了。

于是，在网络世界内，形成了一个虚拟的世界，在这里，人们纵情江湖，情系天下。

而这正是王小沫，以及许多如王小沫一样的人们真正期望的世界。

日子一天天过去。

王小沫的生活状态发生了很大的变化，从前他是一个勤勤恳恳的交警，而现在，他穿上制服是交警，脱下制服便是纵横江湖的大侠。

他甚至连同事间的聚会也直接推掉，只要在工作之外，他会把一切时间用来沉浸在网络游戏之中。

他在游戏中的级别也越来越高，从最初的新人，渐渐变成了满级高手。

当他作为新人时，他还是个需要别人帮他杀怪的小豆丁，而现在，他也会随手帮助其他新人打怪做任务，不需要任何回报，一切仅仅因为大家都是身在江湖。

他加入了一个游戏公会，副会长正是当初帮助过他的那个美女。

他有种微妙的感觉，他觉得在这个游戏里的人们与现实中的人不一样，不仅仅是因为这些人在游戏中穿着漂亮的衣服，拥有几乎完美的身材和脸庞，更因为这些人带有一种可爱的江湖义气。

他曾经提议大家都加到微信里，可以在线下成为朋友，但是似乎没有太多人响应。最后是美女跳出来说，“我觉得，这里跟朋友圈没有什么区别？”

王小沫想了想，也蛮认同。每个人都抛弃了平日的疲惫与困惑，在这里展现出最好的一面，所以本质上确实是相似的。

后来，在一个阳光姣好的下午，他在公会群里发了一条消息，他说大家一起玩这么久了，同城的出来聚聚吧。

当发出这条消息后，不得不说他的内心有些忐忑，就像是一个刚刚对暗恋多年的女孩表白的羞涩高中生。

好在他很快得到了回应。群里纷纷回答说好，其中包括当初帮过他的那个美女。

他感到脸上发烫，他发现原来自己真的是有所期待的。

聚会的日子定在了周末下午，那天刚好王小沫没有班，而其他人也都有空。

王小沫几乎是数着日子等待那一天的到来。

当周末清晨的阳光将王小沫从睡梦中唤醒时，他几乎是跳着从床上起来的。他挑选了自己最喜欢的一套衣服，这让他看起来十分帅气。当他站在镜子前面时，他已经开始猜测那些网友们的样子了。

在游戏中，他们都是英雄美女，那么在现实中，他们会是什么样子？

王小沫当然不会认为这些人也跟游戏上的形象一模一样，但在他的脑海中，这些人也跟现实中他遇到过的人都不一样。

他开始忐忑不安，开始担心自己到时的表现会不够好。

约定的地点是城里的一家自助餐厅，王小沫几乎是踩着时间到达那里。

当来到指定位置，他看到那里只有一个看起来 30 岁出头的男人。

这人看起来与其他人也没什么不同，甚至比其他人显得更颓废一些。

王小沫走了过去。

“伟城公会的？”

男人看了一眼王小沫，他笑了笑，“我是午夜玫瑰。”

王小沫一愣。

午夜玫瑰正是当初在游戏里帮过他的那个美女，也是他这次聚会中最想见到的那个人。

而那个他期待中的女侠，竟然是这么一个男的？！

眼前的这个人既不是女人，也看不出任何侠气。

王小沫有些失望，但出于礼貌还是坐了下来。

“其他人呢？”他问。

“都临时有事，”男人说，接着又笑笑，“也可能是不想来。”

“为什么会不想来？”

“你还不明白吗？这个游戏的魅力就在于它让我们不用面对现实啊。”男人说，“如果现实里都是繁花似锦，谁还玩游戏？”

王小沫缄默不语。

“顺便问一下，你是飞沙 1246 吧？”

王小沫瞪大了眼睛，“你怎么知道？”

“聚会是飞沙提议的，现在只来了两个，我不是飞沙，那肯定就是你了。”

后来，当王小沫回忆起这次聚会时，他竟完全想不起当时他是什么心情了。那就像是一场梦，一场既不是美梦也不是噩梦的幻境，一方面脱离了现实生活，另一方面又存在于现实之中。

当回到家中，王小沫做的第一件事便是删掉了游戏。

午夜玫瑰并没有说错，这游戏说到底只是一个人们用来逃避现实的工具，里面的侠客也好，美女也好，都不过是些虚假的外壳罢了，至于住在其中的灵魂们，他们既没有什么江湖义气，也没有什么侠义之心，他们有的只是对现实的不满和鸵鸟般的逃避心态。

这江湖世界很美好，但那终究不是真实，现实中活生生的人才能被叫作真实。

已经是深秋，王小沫穿着警服的身影依然徘徊在城市的车流之间。

“是他先忽然把车横过来，刮花了我的车！”

“是他先忽然刹的车！”

王小沫很认真地做着记录，一边颇为专业地对他们解释：“稍后我们会调出监控记录，你们不用争。”

有趣的是，在经历过网络游戏的风波之后，王小沫心中的愁绪忽然消失不见了。他的朋友圈里，又恢复了原有的日常。每个人的人间烟火，本就有不同的味道。

就像梦醒了一样，他重新热爱起这份工作，这些在他眼前争执的人依然是那么难缠，但却使他感到安心。

因为这些才是现实生活该有的样子，这些人才是最真实的存在。

也许在另一个世界里，这些人们也在扮演着什么了不起的虚拟角色也说不定，只不过那就又是另一个故事了。

第四章 世界是自己的，与他人无关

A 面 B 面

肖伟不知道，是不是所有的人生都有 A 面 B 面。

还是这世上，只有他将自己分成两半。一半属于白天，一半属于夜晚。

在银行工作八年，肖伟最常得到的评价是：严谨。

工作零差错，所有人都对肖伟的工作很认可。每一份合同，每一个签字，每一张表格，每一次结算，分毫不差。有了这样的细节控，其他人只能望而兴叹，自愧不如。

银行的工作日复一日，从没有听见他抱怨，一些人在背后窃窃私语，这是一个怪人，早已修炼成了工作的机器。他不置一词，不觉不妥，就像一架质量优良的机器，从没有出现故障，反而越做越娴熟。

其实，严谨只是一种习惯，而不是什么性格特质。

就像他可以严谨到将微信通讯录完全划分成两个世界，A 面与 B 面，泾渭分明，从不跨界。

A 面，就是这架可恶的工作机器。

朋友圈里都是银行的各项活动，各种产品。没有鸡汤，没有八卦，没有各式私生活的晒图，干净而整洁。甚至，会让一些人自动忽略。

专业就好，这完全符合肖伟的设定。

华灯初上，每个周一和周五，巷子口的小酒吧会在午夜有一场特别演出。周一的演出，为大家扫去工作的沉重。周五的演出，为大家开启周末的华章。

之所以说特别演出，是因为那是一支男扮女装的视觉系乐队。

女装的冲击感，夸张的造型，像是独立于现实之外的另一个世界。音乐奏响，世界摇晃，夜晚打开了另一重心门。

这支乐队名为“crazynight”，吸引着城市里的一众粉丝。他们最爱的，是主唱Bob。迷人的声线，有穿透灵魂的力量。深邃的眼神躲藏在夸张的睫毛下，像一簇冷峻的蓝火。

演出结束后，Bob会走下台小酌一杯。

酒吧里有一个牛皮本子，里面写满了他的诗，每一个顾客都可以在本子上写下评语，或是随意修改。他随心情，将诗谱写成歌，绽放在午夜，盛开在人们心头。本子上有他的二维码，他们可以在微信里听到乐队的新作品。

B面，人们遗憾没有见过他卸妆的样子，因而他更像一个谜。

很少有人同时看过肖伟的A面与B面，邦子算一个。

他是肖伟的学弟，在肖伟入职后第三年进了同一个支行。而在那之前，他正巧是crazynight的歌迷。

其实，即使是这样，他也从没把那架工作机器和妖媚的Bob联想在一起。直到入职后，他看着那串熟悉的微信号码，才惊掉了下巴。

邦子不是一个大嘴巴的人，他乐于帮助肖伟保守秘密。

只是，他十分怀疑肖伟患了精神分裂症，他横跨着A组和B组，看着肖伟的白天与黑夜。总是忍不住想，“太变态了。”

当李静告诉他，她爱上了肖伟，一定要邦子帮她走进他的私生活时，邦子傻傻地愣了半天。

怎么帮？不帮可不可以？

一个喜欢肖伟A面的女人，爱的是金融精英的样子，金丝眼镜，西服笔挺，做起事情一丝不苟。若是她见到那个穿着女装画着眼线的肖伟，她会不会疯掉？

而那些喜欢肖伟B面的女人，爱的是艺术灵魂的不羁，诗一样的语言，伴着鬼魅的音乐，在夜里摇曳着灵魂。若是她们见到那台无趣的机器，她们会不会梦碎？

怪只怪，肖伟的两面都太极端，仿佛无法放置在同一个生活维度里。

四

拗不过李静的软磨硬泡，邦子约了肖伟，三个人吃了一顿气氛诡异的晚餐。

李静叽叽喳喳说个不停，肖伟安静着不太说话。倒是辛苦了邦子，满头大汗在接应李静的话题，避免让她太过尴尬。

一顿饭，简直一个世纪那样长。

终于熬到买单，邦子抢着付账。他攒的局，他负责到底。顺便摆脱一会儿不自在的气氛，让他松一口气。

回来时，他见到李静张牙舞爪地跟一个女人撕扯在一起，场面十分混乱。肖伟帮着拉架，金丝眼镜被刮落在地上。

喂！这究竟是怎么了？

邦子和肖伟陪着李静去医院包扎了伤口，不严重，都是指甲的划伤。但是作为银行的职员，恐怕不适合出现在工作岗位上了。

肖伟说，“我帮你请几天假，回去养好再上班吧。”

“那女人是谁？对肖伟放电了你也不至于这么暴躁吧？”邦子抛出了心底的疑问。

李静低着头没出声，过了一会儿，小声嘀咕道，“我爸的情妇，害我在肖伟面前丢脸。”

邦子看了肖伟一眼，心想，约会约到这种程度也是醉了，这两个人没缘分，怕是铁打也打不到一块去了。肖伟低着头摆弄他变形的金丝眼镜，听了李静的话，竟然不出声地嘴角上扬。

邦子揉揉眼睛，以为自己出现了幻觉。

五

每个女人约会时都想展现自己最端庄的一面，不过李静彻底搞砸了。端庄就谈不上了，简直像个疯婆子。最后还落魄地挂了彩，什么发型妆容，精心准备统统白费。

见到那个女人的时候，她的理智忽然就飞到九霄云外去了，完全控制不住自己的情绪。

不过，事情还有更糟的一面。餐厅里不知谁将视频上传到了网络上，一时间成为热点新闻，点击率千万。新闻标题是：正室与小三扭打在一起，小三颜值超高。

银行方面思前想后，决定让李静暂时休息一段时间。她无助地问邦子，“我会不会被开除？”

邦子安慰她，“不会的，你又没有错。”

李静出生在金融世家，父亲与很多亲属都是银行从业人员，如今已是高管级别。五岁以前的童年，是十分幸福的。直到那一天，母亲大哭着摔着家里的东西，头也不回地离开家。

从那一天开始，李静记得她经常拉着小拉杆箱，在父亲母亲之间奔走。

母亲明确表示要李静，可是常常是住了两个星期，单身女人脆弱的神经就会发作，她喜怒无常，莫名地情绪暴躁。然后在某一次大发雷霆后，李静搬回父亲的住处。

境况好些，母亲会接李静回去。父亲心中不愿，但是自己理亏，又念一个女人独自生活需要精神支柱。于是，剧情总是拉锯般反反复复。每次拖着那个行李箱，李静都觉得，命运像是跟她开了一个玩笑。

父亲再婚，又离婚。又再婚，又离婚。直到与小阿姨结婚，生了两个宝宝，他们是龙凤胎。

小阿姨只比李静大三岁，她们很谈得来。李静不讨厌她，并超喜欢那两个软软的宝宝。有了弟弟妹妹，她觉得整个家都温暖了起来。她是个超酷的姐姐，照顾他们的起居，陪他们玩，她所花费的时间和精力，甚至超过了小阿姨。

李静的朋友圈变成了晒娃的好地方。

弟弟妹妹渐渐长大，她带他们去派对，去滑雪，去骑马，甚至去旅行。导致邦子每次看见李静晒的图，都忍不住笑，“这个疯婆子，又带着两只拖油瓶在捣蛋了。”邦子觉得李静很特别，不像一般单亲家庭孩子的那种玻璃心，或是忧郁。

光看她在朋友圈的状态，都可以被感染到，小太阳一样的光芒。快乐或许是一种能力，而不是一种境遇。

李静爱她的弟弟妹妹，她觉得，这个家仿佛又完整了。她最向往的那种温暖，又回来了。

邦子对肖伟说，发生这件事李静一定很难过，要不我们约她喝一杯吧。

提议的时候，邦子做好了被拒绝的准备，但是没想到，肖伟同意了。更加令邦子大跌眼镜的是，肖伟说，“约她来蓝珀酒吧吧。”

那是他演出的地方，这家伙，真的想好了吗？

李静瞪大自己的眼睛，不可置信地看着台上那个粉色长发的人。

她感觉周围的人都沸腾了，他们怀着各自的心事，在音乐中摇摆。而视觉系的震撼力，像是打开另一个世界的大门，他们欢呼着，将夜晚推向高潮。

网络视频的事瞬间被她抛到九霄云外。

演出结束，肖伟坐在李静面前，看着她。

李静忽然乐了，伸长脖子贴近肖伟的脸，“深藏不露啊你，这假睫毛哪买的，又浓又密呀。”

肖伟也笑了，“喜欢的话我送你。”

那一天，三个人多喝了几杯。

邦子说出了自己的疑问，“你去打那个女人，我们以为是为了你的妈妈，可是既然父亲早已再婚，她破坏的已经是父亲和小阿姨的家庭，你犯得上那么大火气吗？”

李静小酌了一口，摩挲着那个牛皮本子，一字一句地说，“我要保护我的弟弟妹妹，呵护他们的童年，绝不让他们步我的后尘，感受我小时候那种痛苦和绝望。”

她的眼神晶晶亮。

邦子忽然明白，李静一直是将自己童年的缺失，在弟弟妹妹身上填补回来。如果有人再想摧毁这一切，她会像一头发怒的狮子去捍卫。

“你呢？在表演中得到什么？”李静侧过头，问肖伟。

“我，也没什么，只是想对得起我迟来的叛逆期。”肖伟举杯。

二十几岁按部就班地生活，也会忽然在某个瞬间觉醒。有人在十几岁的时候叛逆逃学，也有人在更成熟的时候，找到了那片心灵的空白。总要做点什么吧，其实不必推翻现有的一切，似乎也能找到另一个出口。

那个晚上，肖伟趁着醉意，在牛皮本上写下这样一段歌词：

哈姆雷特不懂白龙马夜里的哭泣
阿凡提撕烂了石头记
站在 A 面 B 面的交汇处
我却看见你

你笑时流下了眼泪
你哭时绽放了笑颜
我没有说话
你却知道我在等你

歌词旁边还有歪歪扭扭的一句话，字体像是在跳舞：

记得给我假睫毛，我赔你的金丝眼镜。

每个人都理解你，你得普通成什么样子

一

清晨的咖啡店内总会排起两个大长队，造成这种情况的原因有两个，第一是因为这家店的咖啡很好喝，第二是因为咖啡店对面那家公司的自备咖啡真的很难喝。

成贝贝就是每天来排长队的其中之一。

而当她终于排到柜台前面时，她总会摆出她最擅长的温柔而和善的微笑。

“一杯卡布奇诺。”成贝贝对店员说，她连声音都是那样完美，不高不低，既不会让人感到谄媚，也不会让人感到压力。

“你的咖啡。”

“谢谢。”

当她说谢谢时，她笑得非常甜美，每个人看到这样的笑容都不难拥有一个好心情。

而她就这样，带着她的微笑、她的优美的步伐和她的咖啡，一同穿过街道，走进对面的公司。

她朝每一个经过她身边的人打招呼，这些人也都和善地给予回应。从其他人的角度来看，成贝贝在这家公司内非常受欢迎。

她喜欢和谐，讨厌冲突，并希望在每个人面前都维持这样的形象，所以她会为朋友圈里每个人点赞。她发的内容永远是积极阳光，从不发泄半点情绪。这样的阳光天使，谁不爱呢？

此时她走进电梯，按下她工作的楼层。

电梯内，另外两个同事正在抱怨公司的新规定，他们认为这规定对员工太过苛刻。

这种时刻让成贝贝感到焦虑，连她脸上的笑容都开始僵硬起来。

她不喜欢听到别人在她身边谈一些负面的话题，尤其是在电梯这样幽闭的空间内。不过，与其说讨厌，不如说她是害怕。

她害怕这些负面的东西会蔓延到她的身上，而她无法想象这会令她承受怎样的后果。

好在电梯总算到达，她松了一口气般地离开了电梯，直接奔向她的办公桌。

她刚一坐下，对面的小菲就朝她探了探头。

"听说了吗贝贝，公司要加强考勤制度，以后可能想偷着出去也不行了。"

重磅炸弹！

当然，爆炸的不是消息本身，而是小菲竟然对她说起了这个！

天啊，她不在乎公司的考勤，她只希望别再有人跟她说这些了，她不知道如何回答。

"嗯，听说了，我觉得还好。"

"你觉得还好？！"小菲瞪大了眼睛，"这根本就是赤裸裸的剥削！可怕的资本主义制度！"

成贝贝对小菲笑了笑，"好啦，消消气，我这有棉花糖，要吃点吗？"

"好吧，谢了，小天使。"

成贝贝不着痕迹地舒了口气。

小菲经常叫她小天使，她也很喜欢这个称呼，因为天使意味着被所有人喜欢。

这时候成贝贝的电脑上忽然出现一条消息，她看到那是小菲发过来的。

她打开消息，看到一句没头没尾的话："你看宋欣，悄悄看，注意别被发现。"

成贝贝好奇地望过去，她看到坐在距离她有三张办公桌距离处，宋欣正在整理文件，她的动作看起来很不耐烦，像是在跟什么人怄气。

"她又怎么啦？"成贝贝问。

"听说被经理骂了，因为项目的策划方向问题。"

“她那个策划挺好啊。”

“其实是被告状了吧，她那张嘴，谁知道得罪过多少人。”

“唉……”

成贝贝发出了一声充满同情的叹气，而她并不想承认，在她的内心里多少是有一点幸灾乐祸的。

她的心并不坏，只不过当一个人竭力在人群中维护自己的形象时，总难免对那些不怎么重视自我形象的人感到鄙夷。

宋欣人并不算坏，但平时过于我行我素，导致她在公司内的人缘并不好。

每个人都为了表面的和谐在努力付出，凭什么宋欣要打破这个规则？

成贝贝喝了口咖啡。

今天的咖啡非常好喝，苦中带了点甜，但又没有甜到过头，正正好好，就如同成贝贝的人生。

坐电梯时遇到公司经理是成贝贝最不希望发生的事情。

她对经理本人没有任何意见，只不过说多错多，谁知道她会不会一不小心说错了什么？

“贝贝，你对公司最近的考勤制度怎么看？”电梯里，经理忽然问成贝贝。

“我觉得还好啊。”

“我听说很多同事在抱怨，认为太严。”

成贝贝想都没想，只是直接说：“我觉得严一点也没什么，经理有自己的考量，大家会抱怨可能是因为之前的工作环境太轻松。”

这当然不是成贝贝的心里话，这是她随口说说的。

许多年来，成贝贝早已养成了顺着谈话对方讲话的习惯，也不是完全的附和，但至少做到不会导致对方的不快。

所以当说这段话时，她也仅仅是出于这种本能。

她甚至都没有意识到这段话的意思是什么。

当走出电梯时，成贝贝才发现电梯内除了经理和几个其他楼层不认识的人，还有同公司的另一个同事。

她忽然感到大事不妙。

而她的预感是对的。

事情的演变一点一点开始。

最开始，她发现当她与别人打招呼时，有些人不再微笑回应，而是选择直接无视，接着，她发现同公司的人与她讲话的人越来越少，最后，她发现连小菲也不再同她说话了。

糟糕的是，她甚至没办法主动询问她究竟做错了什么。

几天后，在周围气氛变得越来越诡异之后，成贝贝觉得她得做点什么了。

她在电脑上发了一条消息给小菲："晚上出去吃烤肉吗？"

对方很快回复她："没兴趣。"

成贝贝把食指关节放在口中，轻轻咬住了。

她意识到小菲对她的态度很不好，她却不知道该如何开口询问。

她想了想，又问："那你想去吃点什么？"

对方再次快速回复："不想吃。"

好吧，她被彻彻底底地拒绝了。

成贝贝的胸口像是被压了一块巨大的石头，这块石头早已在那里悬了许多天了，它越压越低，几乎要使成贝贝彻底失去呼吸的能力了。

"我是不是惹你不开心了？"成贝贝在电脑上敲出这样一句话。

这只是非常简单的一句话，但却几乎用尽了成贝贝浑身的力气。

对方沉默了一阵子，这对成贝贝来说却仿佛有一个世纪那么长。

最后对方回复了两个字："没有。"

铿锵有力。

成贝贝知道，她再也没办法更多地询问什么了，不论她问什么，最后也只是自取其辱而已。

显然，小菲已经不愿理她，甚至不愿意告诉她不愿理她的原因。

除了小菲外，许多其他人对她也是同样的态度，她被孤立起来了，原因她隐约能猜到一些，可她不知道究竟该如何才能补救。

她努力了那么久，为自己营造了那么久的形象，她没想到它竟然如此不堪一击，仅仅一夜之间就什么都没有了，仿佛过去的一切都不过是一场假象。

她想哭，但她知道自己不能哭。

因为如果真的哭起来，那才真的是全完了。

每月中旬的同事聚会是公司里一小群人的固定项目，这小群人当然也包括成贝贝。

不过这个月却始终没有人通知成贝贝聚会的时间和地点。

直到那一天到来，当大家都开始在私下悄悄讨论聚会事宜时，成贝贝才意识到，她已经被这个群体排除在外。

她必须装作一无所知，才能显得自己不那么可怜。

这一天，她努力让自己投入到工作之中，努力让自己看起来很忙碌，忙碌到完全意识不到还有聚会这一码子事。

到了下班的时候，成贝贝仍然没有把文件整理好，她打算装作自己必须加班的样子。她对这些动作太过投入，以致根本没意识到宋欣已经来到她的办公桌前。

宋欣一拍桌子，把她吓了一跳。

“走！晚上跟我去吃火锅！”

宋欣说得无比坚定，就好像这是一道命令。

成贝贝想哭。

“好，吃火锅！”

在火锅店，宋欣干脆点了个小包间，只有两个人的包间。

“你知道他们今天晚上都出去聚会了吧。”

火锅内的水烧开，宋欣一边往锅里夹肉片，一边说。

成贝贝没说话，这个话题实在太过尴尬。

“你知道为什么他们不叫上你吗？”宋欣又说，就像根本没看出成贝贝的表情有多难堪一样。

“可能因为我做错什么了吧。”成贝贝低声说。

“你也没做错什么。”宋欣说，她看着成贝贝，“你是不是对经理说现在的考勤制度很好？”

成贝贝回忆了一下，“我当时的话不是那个意思。”

“那你是什么意思？”

“我是……”成贝贝想了想，她那些话似乎就是那个意思。

尽管那并非她的本意。

“经理问我考勤制度怎么样，我没多想，只是顺着他的话在说。”

“经理是在试探，”宋欣说，“他想听听员工的声音，你的话给了他定心丸。”

这时候宋欣忽然笑起来，“傻丫头啊，那群成天抱怨考勤制度的人肯定认为你是叛徒，他们已经恨死你了。”

成贝贝终于恍然大悟。

“可我不是……”成贝贝想要为自己辩解，但她又说不出更多的话来，火锅内正在冒着滚烫的泡泡，而她已经完全没有心情去夹菜。

“你呀，”宋欣把几个肉片夹到成贝贝的碗内，“你其实人不错，就是脑子不大够用。”

成贝贝怒从心生，开口想要说什么，但又生生压了下去。

“说吧，你刚刚想说什么？”宋欣问，“别憋着。”

“算了。”

“不不，你一定要说出来，不然我待会儿灌你喝酒！”

“你！”成贝贝胸口中压着的那块巨石瞬间变作一团烈火，几乎要把她燃烧殆尽，她大声对着宋欣喊了出来：“你凭什么说我脑子不够用！？你知道我每天为了谨言慎行动过多少心思吗？！你还不是被手下的人挤兑，被同事告状，你有什么资格说我？”

宋欣竟然丝毫不生气。

在成贝贝的认知里，话说到这种程度，以宋欣的为人肯定已经当场离开。

但宋欣并没有，相反，她噗嗤一声笑了起来。

“这样多好，”宋欣说，“多可爱，比你平时可爱多了。”

“啊？”

“你告诉我，你真觉得公司最新的考勤制度很好吗？”

“谁会觉得那个考勤制度好？那根本就是不把员工当人！”成贝贝大声说，连她自己都在为自己此时的表现感到惊讶，但有趣的是这种感觉又非常舒爽。

“那你为什么不说呢？”

“因为我怕……”成贝贝愣了愣，是啊，一直以来她活得这样战战兢兢，究竟是在害怕什么呢？

“我怕被经理讨厌。”她说。

“被讨厌了又能怎么样呢？”宋欣又问。

成贝贝不知道怎么回答。

其实被讨厌了也不会怎么样，经理也不会因为这个就开除她。

“你大概就是那种人，”宋欣接着说，“总是亦步亦趋，希望所有人都能喜欢你，但现在你看到了，你根本做不到让所有人都喜欢。”

“那你呢？”成贝贝问宋欣，“你一直都是特立独行，你从来都不在乎别人会不理解你吗？”

“为什么一定要被人理解？”宋欣耸肩，“我只想活出我自己的样子，我又不是为别人活的，再说，所有人都理解你那只能说明你是个毫无特色的人。”

成贝贝似乎明白了什么。

这顿火锅虽然只有她们两个人，但她们一直吃到很晚。

在宋欣的影响下，成贝贝把心里的许多话都吐露了出来，她从没对任何人说过这些话，而当把心中所有的负能量全部吐出时，她感到了一种前所未有的轻松感。

四

第二天上班期间，小菲仍然保持着对成贝贝不冷不热的态度。

但成贝贝却忽然不那么在意了。

她忽然发现，她其实并不是很喜欢小菲，一直以来与小菲维持的友谊关系其实仅仅是在维护她自己的好人缘罢了。

但好人缘需要的并不是委曲求全。

中午在电梯内，成贝贝再次遇见了经理。而这一次电梯内只有她与经理两个人。

也不知道从哪里来的勇气，她忽然对着经理提了一大堆关于考勤制度的意见，当她说完，经理几乎是目瞪口呆。

当走出电梯后，她感到整个身体都是轻盈的，就仿佛卸下了一切那些并不属于她的重量。

就仿佛抛下了一个已经在她身上压了她许多年的负担。

那一天，她的朋友圈更新了一条信息。

“脱下天使的外衣，我只是真实的我。”

人生只需刚刚好

一

当玻璃杯放置在玻璃制的桌面上时，会发出清脆的碰撞声，这种声音出现得过于频繁，便会掩盖掉人们的说话声。

可如果说话的人具有清脆的如同泉水滴落的声音，那么大自然中任何一种声音都无法将其掩盖了。

因为那声音是那样美好，不论在多么嘈杂的环境下，别人都会极力去辨认、去倾听。

楚莎莎此时正沉浸在这样美好的声音内。

“以后？我以后可能会继续深造，在那之前可能先出本画集，希望能卖出好价钱。”

“哦，那很好啊。”听到这样美好的声音，楚莎莎能做出的也只是这样一句简单的回答。

而眼前的人所拥有的不仅仅是动听的声音，更有如漫画般完美的长相和身材，这几乎就是一个行走的仙道彰。

在这之前，楚莎莎并不知道自己所在的城市里还有这样一个人。事实上是妈妈让她帮忙请朋友的儿子吃顿饭，当然，其实这只是妈妈跟朋友随便找了个名目安排的一场相亲，大家只是心照不宣罢了。

而楚莎莎并不知道妈妈的朋友的儿子里还有眼前这号人物。

当然，她其实知道一些，她知道宋阿姨的儿子是个学美术的，就是从来没见过，这次见到了，简直惊为天人。

“那你呢？你每天都在做什么？”对方忽然问。

楚莎莎一愣，“我？我啊，我每天待在实验室盯着细菌看。”

对方噗嗤笑出声来，“盯着细菌看啊，那真够浪漫的。”

楚莎莎眨了眨眼睛。

她就算再不靠谱，也不会把盯着细菌看跟浪漫这个词挂钩。哦不，她的整个人生，整个学习生涯，都完全跟浪漫挂不上钩。

她，一个学生物的，最大的爱好就是研究生物理论，现在每天的日常就是跟各种各样的细菌打交道，毫不骄傲地说，她们实验室的每一个培养皿里都有她的好兄弟。

而她的生活，她的整个状态，都跟眼前这个大帅哥有着天壤之别。

她这种经常泡在实验室里的人，几天几夜不睡觉都是常事，所以漂亮造型之类就别想了，而由于经常埋头书本，她的双眼看起来也不如那些艺术生一样炯炯有神，更不用说她对时尚完全没有任何敏感度，穿衣搭配对她而言不过是天方夜谭。

所以，当看到眼前这个完全可以算得上是她梦中情人的大帅哥时，她实在是有点无地自容。

她甚至开始责怪起妈妈来。

究竟怎么想的，竟然认为她的女儿能配得上眼前这个人？

如果眼前这个人是晶莹剔透的钻石，那楚莎莎觉得自己大概就是一块土疙瘩吧，她相信在路人看来，眼前的画面就是这样的，一个闪闪发光的大帅哥，对面坐着一个很平凡的小姑娘。

简直滑天下之大稽。

楚莎莎本以为告别那场让她自惭形秽的相亲后，一切都会恢复正常，但她似乎想错了。

事实是那天之后，她再也忘不掉那个身影。

白天，当她的思想放空时，她就会想起那个人，想起他笑的样子，想起他说话时嘴角不自觉向上勾起的样子，想起他喝水时的样子，吃东西时的样子；夜晚，当她进入梦乡时，她在梦中还会回到那家餐馆，只为了再多看他一眼。

这种情况愈演愈烈。

一开始，她责怪妈妈不该安排那次相亲，不该给她的心增加这样多的负担，但后来，她便没有心情去责怪妈妈了，因为她的整颗心、整个脑子、整个世界都已经被那个身影填满。

这使得她陷入了痛苦之中。

因为当你深爱上一个人，自己却又根本没有希望时，你便不可能不痛苦。

最痛苦的还是，那小子似乎对楚莎莎的实验室工作很感兴趣，经常在微信上对她问东问西。

要命的是他发的还是语音。

几天后，就在楚莎莎对那个好看到无以复加的人最为迷恋和思念时，微信上，那个人对她说，这两天有时间出来吃顿饭吧，顺便聊聊天。

楚莎莎感到快疯了。

见过一次已经让她几乎丢了半条魂，再见一次岂不是要把她整个魂儿都丢了？

一个声音在告诉她，别去，赶快斩断这要命的情丝为好；另一个声音却在告诉她，既然渴望就不要退缩。

可她又有什么资格去渴望一个根本不可能属于她的人呢？

另一个声音又告诉她，不一定非得得到啊，只做朋友，远远看着也很好。

楚莎莎决定听这个声音的话。

他们约在一家日本料理店。

这家店楚莎莎经常去吃，跟老板都已经很熟识了，也是她提议的来这家店。但是当她带着赵柯刚走进店门时，她就开始后悔起来。

老板热情地跟莎莎打着招呼，莎莎只能尴尬着回应，然后迎接赵柯略显微妙的目光。

当两个人在座位上坐好，楚莎莎忍不住先开了口："现在你可以说了，我是个吃货。"

"我可没打算那么说。"

"你的眼神就是那么说的。"

"我的眼神说什么了？我怎么没听见呢？"

"你的眼神说……"

接着，楚莎莎就一直盯着赵柯的眼睛看了。

天啊，他的眼睛真是好看！

半晌，见楚莎莎不开口，赵柯问："说什么了？"

这时候服务生端来了他们的寿司。

谢天谢地。

楚莎莎笑嘻嘻夹起寿司，"来尝尝吧！"

赵柯也不追究，嘻嘻哈哈跟着吃起来。

果不其然，吃饭途中，赵柯又问起楚莎莎在实验室的日常。楚莎莎便把那些她每天做的最无聊的事情讲给赵柯听，对方听得如痴如醉。

楚莎莎不禁心下嘀咕，这真是围城，外面的人满心好奇，里面的人却每天都深受折磨。

但也正是这些让她深受折磨的东西正在吸引着赵柯，使得她这样的女孩子才能有机会与赵柯这样的人一起吃饭。

如果以后赵柯听腻了她讲的这些故事，大概他们便再也不会有什么联系了吧。

想到这里，楚莎莎感到悲从中来，不禁又往嘴里塞了一片三文鱼。

楚莎莎和赵柯的"约会"次数开始逐渐增多。

当然，这只是楚莎莎单方面认为的约会，对赵柯来说大概这只是两个领域不同的人的有益交流。

只不过，当接触次数变多，楚莎莎开始想，也许她可以把他们之间的来往变成真正的约会。

也许她也可以让赵柯对她抱有同样的情感呢？

最重要的是，她得弄清楚赵柯这样的人会喜欢什么样的女孩子。

首先必须是有共同话题，赵柯是美术专业的学生，也就是说，楚莎莎需要补充一些美术方面的知识，至少她得认识雷诺阿莫奈的代表作，也得能说出毕加索画作的含义。

于是诡异的事情发生了，在楚莎莎所在的实验室内，人们开始能经常看到美术方面的专业书籍。

其他人只当是楚莎莎有了新的兴趣爱好，也没想太多。

这样可以增进楚莎莎对艺术的了解，有助于陶冶情操，倒也是好事。但楚莎莎知道，光是增加知识层面的内容是不够的。

想象一下，一个像赵柯那样的男生走在街上，他的身边应该是一个怎样的女生？至少不会是楚莎莎这样的人。

这也就是说，她必须得学会穿衣打扮，学会追求时尚，学会化妆。

学习美术方面的知识尚还能够做到，但是彻底改变外形就有点难了。

楚莎莎只是没有时尚感，她并不是不知道穿什么衣服梳什么头能更漂亮，她只是不那么喜欢。

作为经常蹲实验室的理科生，她身上不能出现太多可能会影响实验结果的东西，比如指甲油，比如一些衣服上的装饰品。

所以哪怕打扮，她也只能选在休息日里。

而在下一次见到赵柯之前，她决定自己先试验几次。

她找来了一个高中同学帮忙改变自己，这个同学目前正在时尚杂志社做编辑，眼光绝对独到，当听楚莎莎说要她帮忙改造时她几乎乐坏了，要知道改造楚莎莎简直是她的梦想。

于是她按照目前最流行的时尚趋势，为楚莎莎做了一场从头到脚的大变身，把她从那个标准的理工女彻底变成了艺术学院的校花。

当一切结束，她带着楚莎莎去照了镜子。

于是楚莎莎看到了这个完全不一样的自己。

楚莎莎愣住了。

这个的确是会出现在赵柯身边的那个人。

但却不再是她了。

这不是楚莎莎，楚莎莎不是这个样子，她应该是那个戴着眼镜，穿着格子衬衫，撸起袖子拿着各种实验工具的女生，她不是这个走在街上仿佛会闪闪发光的时尚女生。

这不对，一切都不对。

她十分诚恳地感谢了这位伟大的高中同学，而当与同学分开时，她决定换下这身装扮。

她是她自己，她只想做她自己。

四

再次与赵柯见面又是几天之后了。

他们两个人一起去吃了火锅，吃完火锅后又去逛了公园，在天就快黑下来时，两个人则要在一个路口分开，之后各回各家。

这一次，当两个人即将分开时，楚莎莎忽然提出以后不要再见面了。

“为什么啊？”赵柯脸上写满了不可置信。

“因为这没有任何意义。”楚莎莎态度坚定。

“为什么没有意义？”赵柯显得生气，“你是想说跟我在一起就是在浪费时间？”

“我不是这个意思，”楚莎莎垂下头，“但其实也差不多，这是在浪费我的时间。”

赵柯的整个脸色都阴沉了下来。

“那我明白了。”

“不，我的意思是，”楚莎莎连忙解释，“虽然说出来很丢脸，但从一开始我跟你见面就是带有目的性的！”

“我不明白你的意思。”

“那你总该明白你有多好看吧！”楚莎莎急了，她简直不敢相信自己会把这些话当着赵柯的面说出来，“你就像从漫画里走出来的一样，而且你的眼睛里就像有一片宇宙，能把人的魂都吸进去！你那么美好，我就想，如果我能距离你近一点看看你就好了。”

如果楚莎莎没看错，赵柯的脸色正在转红。

这几乎要了楚莎莎的命，这么好看的人，竟然还会害羞。

“所以每次你叫我出来我都会来，我知道你只是对我的专业好奇，我也就无耻地利用这个好奇心来接近你，不仅仅是这样，我还在妄想能够得到你！可是你也看到了！”

楚莎莎摊了摊手，“你看，我就是这么一个人，跟艺术，跟时尚沾不上半点关系，我除了能让你对实验室生活增进了解就别无用处了，继续这么下去除了让我对你更沉迷之外，根本没任何好处。”

“可是我……”

“我知道，”楚莎莎打断了赵柯的话，“我知道你希望我们能做朋友，但是对不起，做不到，因为你是那么美，没有一个女孩子会甘心只做你的朋友。所以，到此为止吧。”

“那你要怎么才能相信，”赵柯提高了声音，“我也在对你着迷呢？”

“你听着，我……等一下，什么？”楚莎莎一愣。

“为什么你不会觉得，我一次又一次约你出来，听你讲实验室里的故事，是因为我在为你着迷呢？”

“我……你……可是……”

楚莎莎已经语无伦次了。

事情的发展完全出乎她的意料。

最后楚莎莎终于组织好了语言，问出了她最大的疑问：“可是我这个人一点艺术气息都没有啊！”

“你有浪漫的理工气息啊！”

楚莎莎简直要大跌眼镜。

而且什么叫浪漫的理工气息，世上哪有那种东西！

这时候楚莎莎忽然想起了什么。

“所以我们之前的每次见面都算是约会？”

“为什么不？你没把那当成是约会吗？”

好吧，看起来他们的理解出现了误差。

楚莎莎忽然笑了起来，惹得赵柯也开始发笑。两个人就这样站在街角面对面一直笑个不停。

楚莎莎不知道赵柯在笑什么，但她是在笑她自己，笑她竟然那么傻。

因为她明明只需要做好自己，之前却竟然在绞尽脑汁试图去做别人。

炫耀什么，就缺失什么

一

入了深秋以后，哪怕是毫无力度的秋风，当入了人的领口也能吹得人阵阵发冷。

有趣的是，在同一片天空下，同样的季节内，在街头上你却仿佛能看到两个不同的时空交叠在一起，有的人一身清凉，仿佛夏日的炎热尚未从他们的周遭退去；而有一些人将自己裹在厚重的棉衣内，就好像冬季已经过早地访问了他们。

而这两种人，他们似乎完全看不到对方。

他们在城市中擦身而过，却无法感知到对方的存在，就仿佛在他们之间有一道无形的屏障把两个世界隔绝开来，这两个世界毫无任何交叉点，哪怕当他们在拥挤的城市中碰到了对方的衣襟、踩到了对方的鞋子时，他们仍然觉得不存在任何交叉点。

这一诡异的现象就存在于这个真实的空间内，但却从未有任何人感觉到任何的不对。

于建军是后一种人。

他的工作是为正在修整的街道铺上漂亮的砖面，当然这并不是一份长期的工作，只是他目前的工作，但当这个工作结束之后，他再做的其他工作与此也不会有太多不同，所以这个工作是不是长期对他而言并不是一个值得探讨的课题。

这街道的画面早已被设计好了，所以他的工作十分简单，只要把那些被装载车拉来的石砖铺在路面上就算完成，他需要付出的只有体力和耐心。而这个时代的每个人都清楚，体力是最廉价的。

他就是在深秋便穿着厚厚的棉衣的那种人。这倒不是因为他有多怕冷，即便到了深冬，他大抵也仍是穿着这一件，他只是没有一件可以用来过渡的外衣，而现在穿单衫又太凉了一些。

所以，当看到那些穿着单衣单衫从他身前走过的人们时，他总是忍不住好奇，这些人到底是否会冷。

但这好奇不会维持太久，因为那并不在他需要认真考虑的事情之内。

他把一块红色的砖放置在指定的位置，不偏不倚，工作完成得利落漂亮。一个穿着皮夹克和皮裤的年轻女孩子刚好从那块砖的旁边走过去，她并没有留意到正在那里铺砖的于建军，她正在忙着打电话。

“我一定要那个两万块的包！不买就分手！”

她义正词严，义愤填膺，就好像那个两万块的包是她的一切意义。

当她走远，同于建军一起铺砖的老张凑了过来，“我们累死累活三个月还不如人家的一个包。”

于建军态度憨厚地呵呵笑了笑，就像老张跟他讲的是一个多么好笑的笑话。

“你说，”老张一边铺砖一边问，“你媳妇如果跟你要个两万的包，你给不给？”

“她根本就不认识两万的包长什么样。”

“哈哈哈，也对。”

这个话题暂时结束，两个人继续铺他们的砖。

太阳渐渐在西边隐没了，最后的那点阳光斜斜地铺洒在城市的表面。

当大自然的最后一点光亮也消失时，于建军的工作才算是告一段落了。

两个人走在灰暗的夜里，老张咧着嘴，拿手机给于建军看。

“你看这女的，每天就是旅行，晒包，旅行，晒包，咱什么时候能让媳妇过这种生活？”

“照片里，长卷发，红色的嘴唇微张，看得人心猿意马。”

“你认识这女人？”

“咳，摇一摇摇来的，人家看了我的朋友圈也不跟我聊。”

两个人的影子越拖越长。

他们想，这段路面已经铺好了三分之二，明天就能铺好剩下的部分，之后是另一条路，工作是无穷无尽的，只要还活着，就无法停下忙碌。

二

于建军坐上最后一班公交回到他的廉租房。

当他走进家门，便闻到了一阵熟悉而又亲切的香气。

“馒头！太棒了！”

他不顾烫手，直接从锅里拿起一个馒头，塞进嘴里吃起来，对面的小琪像是看傻子一样看着他。

“又没在外面吃饭？”

“外面的哪有家里的香。”他说话间，又拿起了另一个馒头。

而被他噎在馒头下面的另一句话是，外面的哪有家里的便宜。

外面一顿饭就要十几块钱，最便宜的也要六七块钱，而家里做一锅馒头成本才不到一块钱。

他哪怕铺上一年的砖，又能赚到多少钱呢？更何况他也没有那么好的运气可以铺上一年的砖。

“今天有个女的，”他一边吃着馒头，一边发音含糊地说，“打电话要人送她一个两万的包。”

“这种人到处都是。”

“我知道，老张的朋友圈也有这种人，”他咽下了馒头，“我只是说，人与人的差距可真大。”

“我们又不需要跟别人比。”

“不不，”于建军笑了，“我的意思是，你就不会问我要两万的包。”

小琪也笑了，“你见过有哪个服务员背两万的包？”

“如果有的话一定能吓死人。”

小琪更是哈哈大笑起来。

已经是深夜，在这个小小的廉租房内，充溢着馒头的香气和一对小夫妻的欢声笑语。

而只有在夜空的上方，那个明净皎洁的圆月，只有那银色的散发着清晖的月光才能照射到那些任何人都看不到的角落内。

那些掩藏在欢笑背后的，被人深深埋在心内，永远不希望被探究到的角落。

第二天又是一个铺砖的日子，反反复复，无穷无尽，但即便明知如此，却又必须要去做，因为只有这样才能有饭吃。

与之相对的，还有那么一种人，他们每天无聊地四处闲逛，他们有花不完的钱，他们找各种各样的游戏来玩乐，而他们同样清楚这是在消磨生命，他们也同样无法停止下来，因为他们找不到什么有意义的事情去做。

这两者，说不上哪一种更加悲哀一些。

于建军勤勤恳恳铺着砖，他像是被什么动力驱使着一样，这天铺得尤其勤奋。连他的搭档老张都对此感到意外。

“打鸡血了？”

“没有啊。”

“那怎么铺这么快？”

“快点干完好领工钱，你没觉得天已经越来越冷了吗？”

说是这样说，但天气原本就是在考虑的范围之内的。

老张对于建军的行为感到奇怪，但却没有为此不快，毕竟，谁会嫌弃搭档干活太过积极呢？

但到了第三天、第四天，于建军仍然如打了鸡血般积极干活，老张开始觉得他的搭档有问题了。

“是不是缺钱了？”在中午休息的时间里，老张一边吃着从路边买来的饼，一边问。

“我什么时候不缺钱？”

“我的意思是，是不是急需要用钱？”老张很关心他的搭档，他们这样的人十分容易对别人产生同情，“如果需要我可以先借你。”

“不，不用，谢谢了。”

于建军很感激老张的细心，但他也知道，老张帮不了他。

当一个人最大的问题是贫穷时，谁都帮不了他。

而老张并没有说错，于建军的确是缺钱了。

他当然一直都很缺钱，但现在他特别缺，他希望能在寒冬到来之前尽量赚到更多的钱。

所以他又接了一份别的小时工，在每天铺砖的工作结束后，他再去家附近的一个工地上干几个小时。

这意味着回家的时间将变得更晚，对此，他对小琪的解释是因为铺砖的工作必须赶在冬天之前做完所以加了很多工作量。

于是，在这个深秋里，于建军这个三十多岁的男人，每天穿着他的厚厚的棉衣，在街边忙碌上一天之后又去工地里忙碌一阵子，就像是一架无法停下的机器，用非常辛苦的方式出卖着他的劳动力。

一切都只是为了那一天的到来。

也就是小琪的生日那一天。

小琪万万也没想到，在她的生日这一天，她会收到这样一份礼物。

一个价值一万九的手提包。

当于建军把这个包放在小琪手中时，小琪能感到于建军整个人都在发抖。

“你是不是疯了？”

小琪用一种近乎颤抖的声音问她的丈夫。

她觉得她应该使用更加有力度的，充满了愤怒，几近撕裂的声音来向她的丈夫怒吼，问他到底是不是发了疯，为什么会做出这样愚蠢至极的事情。

但她却无法做到，因为那需要达到爆发的临界点，而她即便达到了，当看到于建军的神情时，却又瞬间泄气。

那是一种充满了期待的天真表情，这种表情已经很少能在一个成年人的脸上看得到了。

“怎么啦？”于建军有点不爽，“我送你个包，你不是该高兴吗？生日快乐，老婆！”

“可你为什么要送我这么个包？！”小琪终于有力气把声音抬高了，“这些钱用来做什么不好啊！”

“为什么这些钱就不能用来给你买个包？！”于建军也生起气来，“别人都能背，为什么你就不能背？”

“我们跟他们能比得了吗？”

“为什么比不了？！”于建军大声喊起来，“我们是人，他们也是人，凭什么他们能过的生活我们不能过？凭什么他们有的东西我们不能有？他们能给老婆送个两万的包，那么我也能！”

他喊得声嘶力竭。

而他跟小琪都很清楚，问题并不是出在这个包上面。

从一开始，从于建军决定攒钱给小琪买包的那一刻开始，问题从来都跟这个包没什么关系。

问题在于，在这个城市里，被那无形的力量割裂开的两个世界中的人，在彼此的漠然之间生出的一种隐藏在心内的愤怒和不平。

小琪颓然坐在了床上，她发现自己并不能回答出于建军的这一串问题。

“可我……我没办法背一个这么贵的包去上班啊。”

“那你告诉我，为什么服务员就不能背一个两万的包？”

“因为看起来滑稽。”

“为什么滑稽？”

小琪又无法回答了。

而即便无关滑稽与否，背这样一个包出门，她自己都会胆战心惊。

她开始好奇那些背着这种包走在街上的女人们是如何锻炼出那样强大的心

理素质的。

“不管怎么说，”小琪有气无力，“这个包的标签还在，明天就拿回商店去退了。”

“要退你去退，我不去。”

于建军躺倒在床上，翻过身把脸对着墙壁，仿佛这样就能逃避他应当面对的一切了。

“好，你把商店地点告诉我，我去退。”小琪说。

小琪仍然觉得自己应当生气，应当大闹一场，可当她坐在床边，当看到皎皎明月将那银白色的月光透过窗玻璃洒在屋内的地板上时，她只感到一阵令人浑身发抖的悲凉。

这小小的廉租房只有一个房间，卧室、客厅、卫生间，全都由这一个小小的房间囊括了。就仿佛属于他们的世界也只有这么拥挤的小空间。

她站起身，来到窗前，从这里能够看到远处的一排居民小区，在那边一定有背着上万块的包的人，也一定有开着百万豪车的人。

这些人每天都会在城市的街道中与他们擦肩而过，但却永远被分割在两个世界里，就像是永远不会发生交集的平行宇宙空间。

第二天晚上回来，于建军一眼就看见了摆在桌子上的包。

他咧着嘴笑了，“你没去退？”

小琪一边忙活着饭菜，一边神秘兮兮地说，“一会儿跟你说。”

于建军看着照片里的女人，瞪大了双眼，“我敢肯定，这就是老张手机里的那一个。”

“是吗？那真的很巧，吕姐人很好，给我找到了一模一样的这一款，还打了折，才 120 块钱。”

于建军瞪大了双眼，反复摸着那个包，咕哝着，“真的一模一样，为啥价格差这么多。”

小琪麻利地将一沓钱塞进丈夫的口袋。盘算着这些应该足够今年过年用了。

月上梢头，两人躺在床上，谁也不说话。

于建军心里好像轻松了许多，他打开朋友圈刷新，妻子的照片丝毫不比那个红嘴唇的女人差，而旁边的包包，像是某种心愿的了结。

老张在下面留言：“还过不过年了？”

于建军立刻回了一句：“我今天的心情就像过年。”

或许这世界需要一部分虚妄，来填补现实的空洞。而人们却忽略了，为生活打下的每一块补丁，都暴露了我们残缺的位置。

第五章

拥抱简单的幸福，丢掉复杂的快乐

不是所有的故事都能留在原点

一

润生觉得自己好像得了强迫症。

出门前，他仔细闻了闻自己的身上，可还是觉得有味道。

一定有。就是动物粪便的那种臭味，洗也洗不掉。

推开咖啡厅的门，他环顾四周。绿色毛衣，低马尾，哦，看见了，就是靠窗的那个姑娘。上前询问、落座、略显尴尬的自我介绍。这一系列流程，润生已经熟悉起来。

不到半年的时间，这是润生第四十二次相亲。

其实，润生觉得那些姑娘都不错。

但是他就是不太懂，别人说的来电是什么感觉。姑娘们，仿佛也对性格温暾的他并不来电。

所以，她们最后都变成了微信通讯录里的一个名字。偶尔在刷朋友圈的时候，彼此划过，或是不动声色地点一个赞。

润生一直不太着急女朋友的事。直到年龄过了三十那道线，家人开始手忙脚乱，他也觉得似乎自己落后了一些。

他问岩松，他的发小。“为什么你小子女朋友不断，我却一直单身呢？”

岩松回答，“你太老实，现在的女孩，大多喜欢霸道总裁那一款。”

“什么意思？”

岩松叹了口气，同情地拍拍润生的肩膀，“壁咚会不会？”

“啥是壁咚？”

“你小子，跟动物在一起混久了，傻透了。”

二

润生是一名动物饲养员。

他的生活特别简单，而且规律。每天早起，吃丰盛的早餐，然后步行 20 分钟到家附近的动物园上班。

喂食，观察动物们的粪便，与它们友好地交流，他喜欢这样的生活。遗憾的是，姑娘们貌似不太喜欢。

用岩松的话说，赚的少，又不能积累社会资源，还熏得一身味道，哪个姑娘会喜欢。这让润生很沮丧。

不过也有例外，眼前这第四十二位姑娘，像是特别喜欢他的职业。

她叫叶子，样子很恬静，带着一点文艺气质。喜欢画画，但是最终专业是建筑绘图，画的是枯燥的图纸。可是在她心里，一直有一个缤纷的色彩梦。

得知润生是动物饲养员，她发自内心觉得，这有一点酷。

他们很快互留了微信，并约定周末去润生所在的动物园见面，他辗转于不同的动物区时，可以顺便带她到处转转，寻找她喜欢的景色和动物，也让她更了解自己的工作。

那一天晚上，润生兴奋地对岩松说，“我就要恋爱了。”

岩松淡淡回了一句，“你养的狗熊发情了吗？”

友尽。

那个周末，叶子过得很开心。她说，她很久没这样放松了。没日没夜地赶图纸，黑眼圈快像大熊猫一样了。

润生傻笑着看她。那天她穿了白色裙子，风吹起来飘呀飘的，让他的心也跟着摆动。

润生说，“叶子，你能做我女朋友吗？”

叶子红了脸，说可以考虑一下。

润生恋爱了，这让岩松感到不可置信。尤其看到叶子照片的时候，岩松不得不说，还是个清秀的姑娘。

“完了，你小子走好运了，这么好的姑娘怎么忽然想不开了呢？”

润生一把将手机抢回来，送他一个大白眼，目光落在叶子的照片上，又露出傻傻的笑容。

接下来的发展，更是看得岩松瞠目结舌。两个人时常在朋友圈秀恩爱，从爱心早餐到烛光晚餐，从过山车到跳伞，从贴面照到写情诗，简直将虐狗玩到了极致。

岩松激动地在下面留言，“润生，我要屏蔽你。”

润生慢吞吞地回复，“散了散了，去忙你的壁咚吧。”

重色轻友的常见表现，就是经常缺席哥们儿的饭局。

多年来，每当岩松失恋的时候，都会找到润生喝一顿大酒。如今打电话给润生，对方则回复，“你那不叫失恋，其实就是定期更换女友，跟每个月月经差不多。乖，别闹，去睡一觉就好了。”

岩松只好叫了外卖，一个人啃着小龙虾打着游戏。

中途刷一刷朋友圈，看见一张圆圆的大脸在卖萌，“叶子小姐，加班辛苦了，我在准备慰劳你的饕餮大餐。”

用力摔下手机，友尽。

得知润生要跟叶子一起去B城，岩松很不爽。

他了解自己的哥们儿，他的个性不适合那里。润生爱他的动物，也爱这座慢悠悠的小城。他曾说过，对大城市没什么向往，只想陪着父母，到他们慢慢老去。所以做出这样的选择，润生的心里一定很难过。

据说临走前，润生两个晚上都住在动物园里，傻傻地对着自己精心喂养过的动物们说话。动物们鼾声四起，他依旧喋喋不休，不知道在唠叨些什么。

“叶子做建筑绘图，在大城市更有发展前途。我会支持她的梦想。”

“那你的梦想呢？”

“我有叶子就够了。”

不可救药的傻子。“下次失恋不回来陪我，我一定去喂它们老鼠药。”岩松恶狠狠地说，眼眶分明有些发红。

润生与叶子的爱情，续写在朋友圈里。

岩松偶尔点个赞，不再胡乱评论。他知道，他们需要一步一步在那里站稳，去迎接各种难关和挑战，这不是一件容易的事情。

情人节的鲜花、爱情电影的票根、生日礼物、烛光晚餐……偶尔刷到这样的信息，岩松就放心了。润生是个知足的人，只要能抱着他的爱情，就不会过得太差。

每次回小城，润生都会找岩松喝一顿，说是给他补上几次失恋的酒。当然，更多的时候，他是看着岩松喝，最后扶着烂醉的岩松回家。

这一次，大醉之后的第二天早上，岩松还没有消解宿醉的头痛，润生就神秘兮兮地来拽他出去。岩松头疼得要命，不情不愿地出去，得知润生想买一枚戒指，而他完全不懂任何饰品的常识，自然要向情场老手讨教。

好小子，快修成正果了。

五

以润生喜欢秀恩爱的性格，岩松已经做好了朋友圈被虐的准备。那枚戒指，一定是很多女生的梦想。润生不懂，但是岩松懂。

岩松是很好奇的，因为那一天他给润生出了很多主意，都是他曾经构思过的求婚创意，自认为非常酷。没想到，自己还没用上，被润生抢先一步了。

他等着朋友圈传来的佳音。却迟迟没有消息。

第二天，第三天，刷来刷去，依旧什么也没有。

得知润生已经返回小城，岩松焦急地踩着油门。

这么多年，两人以失恋为名义的酒局数不胜数。但以润生为主角的，这是第一次。

岩松很想知道一个答案。为什么？叶子变心了？到底发生了什么事？

润生这个闷葫芦，一语不发，一口一口闷着酒。

岩松见他那个样子，索性也不问了。要了一箱酒，踩着喝。

一个为了爱情义无反顾的男人，不一定会赢得爱情。其实，润生与叶子之间，早就出现了问题。

爱情发生时，他们一个是在现实缝隙里寻找绿色呼吸的女孩，一个是站在阳光里与自然融为一体的男孩。一切都是顺理成章。

可在剧变的环境下，他们都不再是当初的那个角色，何以维系那曾经的承诺呢？他曾经自欺欺人地回避所有问题，希望像从前那样，找回那一天飘在他心里的白裙子。

很显然，故事的结局并非所愿。

润生再次回到了小城。

他的朋友圈里，狗熊懒洋洋地晒着太阳。

配文：“不是所有的故事都能回到原点，不是所有的爱都能留在从前，希望你们不只在朋友圈里过得好。”

旅行的意义

每周单休，平时动不动就加班。

周日好不容易休息一天，要打扫卫生、洗衣服、去超市买下一周的食材。

“十一”黄金周和过年要回老家走亲访友，然后提前一天回来，打扫卫生、洗衣服、去超市买下一周的食材。

这样的生活，简直是昏天暗地，让人喘不过气来。圆圆总觉得自己好像中了魔咒，自己给自己画了个小圈圈，总也跳不出去。

毕业后头两年，作为新人圆圆没日没夜地加班，为了证明自己，也为了学习东西。后来业务都熟悉了，职业水平也上升了一些，又多了沉甸甸的责任。

碰巧现在的新人都变了面貌，不喜欢吃苦了。于是反倒是她每天苦哈哈地坚持着，日复一日，也不知道这辈子，忙到什么时候是头。

貌似充实的庸碌，嗯，圆圆点了点头，这个概括很精准。

圆圆最羡慕的，就是朋友圈里到处旅行的人。

她们躺在沙滩上，任阳光与肌肤亲密接触，或是伴随着热气球飞向空中，或是一袭长裙行走在热情沙漠里，每当那时，圆圆都会酸酸地给她们点一个赞，顺便为自己丧失弹性的生活默哀。

相比有钱，她更羡慕有闲。有钱的人她见得多了，有很多人比她还忙，牺牲了与家人共处的幸福，牺牲了个人的健康，牺牲了内心的梦想，好像也没那么值得。

旅行的意义，就是寻找另一个自己。

如果可以，圆圆愿意走遍地球的每一个角落，成为那个快乐的精神流浪者。

周年活动告一段落，最艰难的工作刚刚收尾。

人事经理的桌子上，多了一个信封。

是的，她终于鼓足勇气，迈出了这一步。

当导游小姐在她面前号啕大哭的时候，圆圆才算是回了神。

此时她的头真的有十个大，拿着这两年的积蓄，本来以为给自己策划了个完美的旅行，却没想到，途中处处都是坑。

明明没有购物行程，但导游小姐的一哭二闹三上吊，真是把圆圆本来不错的心情搅得一团糟。

导游小姐的底薪微薄，都是靠购物来提成，因此，为了将客人们领到指定地点消费，真是使出浑身解数。一会儿冷战，一会儿痛苦，圆圆看着都累得慌，也是真心不容易。

最后，圆圆实在受不了，为了图个清静，只好投降。她买了一块没听过牌子的手表，五千多元，想必也就是几百块钱的价值吧。换得了导游小姐的眉开眼笑和接下来不会再烦她。

这个团一共十二个人，行程十分紧凑，有时一天要奔波几处景点。“上车睡觉，下车拍照”的八字口诀，圆圆也算是彻底领略到了。

“你想要更自由的行程，应该走豪华团，或者干脆自由行。当然，那样会很贵，要问问钱包同不同意。”同行的姑娘沈佳妮见圆圆状态不佳，与她说道。

“是啊，我早就发现了。”

原来，有钱还是有好处的。起码，可以不用如此心累。

沈佳妮也是辞职旅行的，与圆圆年纪相仿，所以两人很快成了朋友。

跟圆圆不同的是，沈佳妮的辞职是被迫的，因为她的老板对她有非分之想。

不过，沈佳妮对圆圆坦诚，她确实是个爱跳槽的人，没有长性。所以，以平均每年换两次工作的频率，在北京混了四年。

坏处是，职业没有规划，乱七八糟。

好处是，每次换工作的空隙，她都可以给自己放个假。

“你不觉得这样的旅行方式一点也不酷，就跟上班一样无聊吗？”

“确实不酷，可是便宜呀，这很现实好不好。何况，它可以看起来很酷，来，我给你看我的朋友圈。”

打开沈佳妮的朋友圈，圆圆惊呆了。这画风太熟悉，正是她坐在办公桌旁流着口水羡慕的那种样子。

“喂，我真是怀疑，我们俩是一个旅行团吗？这是我们共同看过的那些景色吗？”

“笨蛋”。看到圆圆那惊诧的圆眼睛，沈佳妮笑得快要直不起腰来。

那一天，沈佳妮为圆圆进行了一堂深刻的朋友圈摄影技巧课。也就是如何花最少的钱，去很多地方，拍下很多高大上的图片，在朋友圈里成为被人羡慕的对象。

听完之后，当天晚上，圆圆很久也睡不着，一直在思索自由的定义。

第二天，她跟沈佳妮说，想跟导游商量脱团一天。她实在厌倦了走马观花式的奔波，只想找一个地方，好好待上一阵子，享受宁静的光阴。

沈佳妮二话不说，自告奋勇跑去找导游，因为是中国境内，安全性不错。她们又一再强调只是逛逛街吃点东西，导游满口答应了下来，三分钟搞定。

圆圆迅速做了攻略，找了一处很舒适的温泉，两个人悠闲地享受了一天。

中午时，圆圆打电话给当地的朋友，被推荐了一家地道的馆子，据说店里只有十几个位子，满了就不再接待。沈佳妮充满期待，心想这也太牛了吧，一定是高大上的餐厅，要好好拍张图片。

来到那家餐厅，沈佳妮有点失望。

窄小的门脸，不起眼的招牌。推门进去，里面真的只有十几个位子，非常狭窄。

她们找了地方坐下，发现还没到用餐时间，人数已满。

厨师是一位六十几岁的老人，站在大家面前下厨，每一个动作，每一个细节，全部展现在面前。

老人戴着古董式金丝眼镜，额头微微冒出汗珠，全神贯注的表情感染了圆圆。他已经在这家店做了三十几年，可是每一次，都像第一次那样神圣，那样小心翼翼，就像是对待一件艺术品。

每一份食物放置在客人的餐盘中，圆圆送入口中，美妙的感受，让她有一种流泪的冲动。因为食物而如此动容，她从未体验过这种感受。

“伯伯，你每天都做差不多的事情，几十年了，从不感到厌烦吗？”圆圆认真地发问。

老人看着眼前这个女孩，温和地说，“生活不就是这样吗？”

“可是这样，昨天、今天、明天，就没有区别了呀？”

“孩子，我从不这样觉得，相同的事物里，却有着无穷的变化，我不是机器，没有做出过相同味道的食物，对我来说，每一分钟都是独一无二的。”

圆圆嘴里含着食物，点着头，忽然就流下泪来，她想起了自己的母亲。

小时候，圆圆的母亲是一家食品工厂的流水线工人，每天做着相同的事情，回到家做饭、刷碗、打扫房间，将圆圆和弟弟哄睡着，然后捧起烘焙的资料，反复翻看。

那时候母亲的梦想，就是拥有一间自己的烘焙小屋。圆圆记得，母亲从不喊累，总是笑着，因此虽然家境不富裕，但是她和弟弟的童年都是温暖的记忆。

后来，食品厂因经营不善倒闭，母亲一夜间失业。家里东拼西凑了一些钱，母亲真的拥有了一家烘焙店，尽管当时只有不到十平米。

后来，凭着母亲的精心和认真，小店做得声名远扬，扩到了七十几平。

圆圆问过母亲，每天店里东西都卖光，为什么不再扩大。母亲笑着说，“太贪心，梦想就会死掉的。”

五

那一天，圆圆将美食照片上传到了朋友圈，还附带一张与掌厨老人的合影。

配文：旅行的意义，我想我找到了。

回到熟悉的城市，呼吸熟悉的空气，圆圆的心，仿佛找到了可以靠岸的港口。

人事部的白经理给她发来微信：回来上班吧，小妮子，我压根儿就没把你的辞职信提交，私自为你请了个小长假。既然放松了心情，早点归队哦。

圆圆内心涌起一阵暖流，迅速回复：谢谢你，亲爱的白姐，我已是满电状态，明天见！

旅行的意义，就是回归。

生活的意义，就是在重复中保持心动。

说不出口的爱

一

微信是个什么东西？

老蔡花了三天时间，依旧没有完全搞清楚。

他握着手里的智能手机，怔怔看着亮起的屏幕，盯着那个绿色的图标。他想起儿子小磊在家的时候，也常常歪在炕头，看着那个图标发呆。

买一部二手的智能手机，老蔡花了200元，这很让他心疼。

老蔡平时舍不得花钱，一张百元钞票，换成零钱，再一点一点花光。这个过程在老蔡的心里就像一场战役，当然，他希望是持久战，越久越好。

可这次为了弄清楚微信是啥，老蔡豁出去了。

这样做的原因不是为了别的，而是他不想失去自己的儿子。

整个暑假，小磊总是缩在一个角落里刷着手机。

他想跟他说说话，问问学校里有什么有趣的事，或者儿子对未来有什么打算，但总是收到冷漠的回应，“跟你说了也没用，你懂什么。”

可是老蔡观察了，有时候在玩手机的时候，儿子的脸上会浮现一些怪异的表情。老蔡说不清那是怎样一回事，但这些更加勾起了他的好奇。

城里的新鲜事物，他一窍不通。

有一次，他在与村支书闲聊的时候谈到这个话题。“你说，那破手机里有个啥，不能吃不能喝的，每天巴巴地盯着看。”

老支书呵呵乐起来，“老蔡头，你这老脑袋不灵了。对年轻人来说，手机里有整个世界，比你那东西有意思多了。”

老蔡更好奇了。

那一天，他拉着老支书唠了好久。老支书告诉他，他每天都在微信里关注着自己的儿子二蛋，那小子吃饭吃啥，晚上喝了几杯，跟哪个闺女搞对象，他都一清二楚。

老蔡大惊，原来儿子不愿跟他分享的所有事情，手机里都有啊。

豁出去了，倾家荡产也要买一个。

小磊是老蔡的骄傲。

过去因为穷，老蔡摸爬滚打了大半辈子，日子也不知怎么过了几十年，昏天暗地的。

他觉得，只要有个奔头，吃再多苦都值了。

他心里的奔头，就是供小磊上大学。

小磊争气，考上了省会的师范院校。以后能当个老师，这让老蔡很欣慰，总比弯腰种地强，更何况，家里那点地也少得可怜。

为了供儿子读书，老蔡欠了不少钱。每年过年都有债主上门，坐在炕上嗑着瓜子不肯走。久了，老蔡也不着急，就嗑着瓜子陪他们聊天，聊天的内容，主要就是夸自己的儿子。

言外之意，现在真的拿不出钱来。但是儿子有出息，你们再等等吧。

债主们都是一个村里的乡亲。心里也明白老蔡还不上，但是催债还是必要的，得时刻提醒老蔡要还钱。

等小磊开始赚了工资，也得有个先来后到不是。

老蔡身世可怜，大家都知道。

十五岁没了爹娘，三十岁才娶了媳妇，但是三年不到，媳妇受不了穷就跑了。扔下一岁多的小磊，由大老粗老蔡一手带大。

打水的时候背着，烧火的时候背着，砍柴的时候背着，插秧的时候也背着。小磊就是在老蔡的背上长大的。

村里一共也没有几个大学生。

自从小磊考上了大学，老蔡的腰杆直了不少。

寒暑假还有一个多月的时候，老蔡就开始期盼，嚷嚷着儿子要回来了。

有时会有乡亲跟老蔡搭讪，想把自己的闺女嫁给小磊。老蔡总是嫌弃地摆摆手，我家小子眼光高，还有主意，我得和他商量商量。再说，我过几年就要搬走了，小磊会在城里做教师，我要跟着去照顾他。

跟着儿子一起走出这个村庄，每当想到这件事，老蔡就兴奋得想要喝上几杯。当然，他时常只是想想，并不舍得买那壶酒。

每年清明节上坟的时候，老蔡都跪在那里念念有词。

别人都觉得老蔡有病，对死人还有一肚子话要说。他们不知道的是，老蔡太寂寞了，一天天看着天花板过日子，多么无聊。他要跟祖先们说说，自己教育出了一个优秀的儿子。

小磊觉得自己像一只可笑的鸵鸟。除了逃避外，不知道该做些什么。

一直以来，他是一个目标坚定的人。考出去，就是他的目的。而自从三年前迈进大学校园，他的目标却消失了。

曾经的优秀，都消失得无影无踪。

大学时期的考试成绩，不再靠记忆和练习，而常常是社会实践，或是小组讨论。而刚刚走出大山的他，与很多事物都显得格格不入，带着那么一股子迟钝。

各种艺术活动上，他只能远远地做个看客。他没有任何才艺，也无法承受站在舞台上的紧张感。每天晚上，他出去做家教，打一份工，用来维系自己的生活。

他知道，父亲辛苦了半生，该让他省省心了。

大三过去了，肩上的负重感越来越强。在严峻的就业形势下，他不知道未来该怎么办。

每年寒暑假都是他最惧怕的。

他害怕回到那个家，不是因为贫穷，而是害怕面对父亲的眼睛。

他喜欢缩在炕头，刷着手机，看着别人的世界。出国旅行、外企实习，甚至一顿晚餐、一次电影，都足以让他羡慕。羡慕的恰恰不是物质的富足，而是他们精神世界的怡然自得。

他更喜欢看的，是一个叫小诺的女生，她的朋友圈像她的人一样可爱。

她喜欢猫，有时会去猫主题餐厅。她不喜欢穿高跟鞋，却在假期实习的时候被迫穿，磨破了脚，调侃自己是刀尖上行走的人鱼公主；她喜欢陪父亲下围棋，赢了便敲诈一笔。

他远远看着她，觉得很美好。

四

老蔡拿着新买来的手机，找到村支书的儿子二蛋，问他怎样才能添加儿子。

二蛋尽职尽责，七手八脚帮老蔡完成了任务，并手把手教学了一番。老蔡的要求也蛮简单：能看儿子的状态就可以，别的功能不需要。

而当小磊看到一个名叫“老麦子”的新添加要求时，也没多想，顺手点了通过。

作为一个村子长大的发小，小磊与二蛋却不常联系。

二蛋这小子很多行为小磊都看不惯。他家的条件在村里还不错，但在城里也不怎么样。所以二蛋那装阔的样子，小磊觉得十分可笑。明明假期跟自己一样猫在家乡，数着地垄沟的几根苗，偏偏要发上几张国外风景图，配上两句鸡汤。

不过，二蛋有一个秘密。他面向老爹的朋友圈，几乎都是只对村支书一人可见的。在老爹的眼里，二蛋是一个品学兼优的好青年。课余时间，都在参加各种培训、比赛，甚至出国比赛，赢得各种奖励。

当然，村支书也掏了不少培训费、路费、装置费之类的。

同学们的圈子里，二蛋的日子过得高端大气上档次。

只有小磊知道，两个他，都是假的。

小磊心想，幸亏我爹没有微信。如果他有，那么他一定设置所有信息不可见。

因为他不想让父亲失望，也不想让父亲对他寄予希望。

一片空白。

就是此刻他面向父亲的那一面生活。

等待小磊的状态更新，是老蔡生活的重心。儿子哪怕无心的只言片语，他都会反反复复翻看几次。

小磊不喜欢拍照，所以他见不到儿子的样子，但是偶尔瞥见儿子的心情，也是很好的。

小磊说，“天空起了雾霾，我开始想念故乡的天空。”

小磊说，“城市那么大，却没有我可以落脚的地方。”

小磊说，“对喜欢的姑娘打个招呼，原来也是一件艰难的事情。”

小磊说，“我害怕父亲炽热的眼神，因为我怕他失望。”

隔着那么远的距离，老蔡读着儿子的生活。

村民们发现了老蔡的变化，他不再吹嘘儿子即将留在城里，也不嚷嚷着要搬走的事了。

假期，他早早地在村口等着小磊。

见了面，一声不响接过书包，吭哧吭哧向家里走。

吃了晚饭，老蔡与小磊走到田埂上。

望着火红的夕阳，他吧嗒了一口烟袋，说，“都说城里好，我看现在也不一定，又是雾霾又是地沟油，有钱人周末都扎堆来享受农家乐，爹觉得，你脑瓜好使，在哪儿都能生存，也不一定留在那，回来陪我也挺好。”

小磊看了父亲一眼，应了一声。

无言。

假期回去，已是大四下半年。各种招聘会应接不暇。

小磊带着厚厚的简历，穿梭其中。他知道，其实找工作之前，他应该先想清楚一件事——未来留在哪里。

他走进一家外企参加面试。

每五个人一组，自我介绍，陈述问题。

听了前四个人天花乱坠的实习经历和获奖证书云云。他坦诚而淡定地开口，“我是小磊，来自一个小乡村。除了上学时成绩好，我仿佛没有什么特长，也没有去大公司实习过。我唯一拥有的，是踏实和诚实，我甚至没有想明白理想在哪里，但是我希望在一处扎根，慢慢思考。”

面试官抬头看向他。

对面的小磊穿着一件普通的白衬衣，样子和他的简历一样质朴。他的眼神里，没有野心，但也不自弃，淡然、平和。

还要赶往下一处面试，小磊急着按下电梯按钮。

门打开，里面是一脸纠结的小诺。

小磊走进去，电梯门关闭。

忽然他很想跟这个喜欢很久的女孩说些什么，时间那么短暂，他脱口而出，“其实脱下高跟鞋你会更舒服。”

后来，老蔡看见小磊的朋友圈更新了一条信息，是他拍的一张入职通知书。

文字内容是：“那一天，我心动了两次。”

后来，大家看见小诺的朋友圈更新了一条消息，是她自己手绘的一张漫画。

她对她的猫说：“蜜小姐，有个傻瓜搭讪的方式是告诉一个姑娘脱鞋。”

她的猫喵了一声：“你才是傻瓜，他真的喜欢你。”

后来，小磊看见一个叫“老麦子”的人发了一条朋友圈。

“老子终于可以放心了。”

他的配图是绿树和一片蓝蓝的天空，小磊觉得有些面熟，想放大了看看，但是分辨率太低。

同一天，他还看见二蛋发了一条朋友圈。

“出国学习三个月，为了父亲的期望，为了报答村里的叔叔大爷，我一定会努力的。”

他笑了，但还是在下面善意地提醒了一句，“哥们，你发错了。”

围城内外

周末的上午 10:35 分，子青接到了一通电话。

她并不想接这个电话，这不是因为她对电话那头的人有什么意见，毕竟她还不知道电话那头是谁，她只是很讨厌睁开眼睛，更讨厌睁开眼睛后抬手拿起手机这个动作。

因为她正在睡觉，特别香。

“谁会在大周末的上午睡觉啊！”

电话接通，当子青报出自己正在睡觉的事实，电话那头传来了这样一声痛彻心扉的吼叫。

子青满头的问号。

谁会不在周末的上午睡觉？

还没等她提出这个问题，电话那头接着传出命令般的指示：“别睡了，立刻起床，用最快的速度洗漱，把自己拾掇得漂亮点，陪我逛商场去！”

“不去。”

子青回答得干脆迅速。

“你想烂死在床上？”

“谁最后不是死在床上的？”

电话那头陷入沉默。

子青颇为得意，她喜欢这样的能让大瓶哑口无言的时刻，这是属于她的阶段性胜利。

大瓶是个有趣的人，子青跟她认识大概三年多了，在她们结交下革命友谊的这三年内，子青的生活步调几乎是被大瓶拉着走的。

大瓶喜欢动，子青喜欢静；大瓶喜欢凑热闹，子青只喜欢一个人静静待着；大瓶喜欢户外活动，而子青更喜欢宅在家中。她们就像是正反的两面，但偏偏她们还只喜欢跟对方来往，简直是莫名其妙的自找罪受。

其实子青并不意外她能跟大瓶成为朋友，在大瓶之前，子青也有这样一个类似的朋友，名叫小蝶，是个活泼又可爱的女孩子，她们一起度过了人生里最天真快乐的学生时光，但好景不长，她们之间的关系就在小蝶走进婚姻殿堂的那一天破裂了。

倒也没发生什么戏剧性的事件，准确地说是什么都没发生，但就好像无形中有一种力量似的，强行把她和小蝶分开。

她说不出这种力量是什么，她只知道最后的结果是她跟小蝶彻底失去了宝贵的革命友谊，从无话不谈的朋友变成了一个认识过的熟人。

所以，当子青认识大瓶时，她无比感激上天给了她另一次培养长久性友情的机会。

前提是希望大瓶不要太早结婚。

这在目前看来还是一个可实现的愿望，因为大瓶目前还没有男朋友。

这么说起来有点自私，但子青还是对此表示谢天谢地。

作为一个 28 岁还单着的大龄单身族，她无比需要一个同样大龄单身的朋友。这就像是寒冷的冬天里两个瑟瑟发抖的小松鼠在抱团取暖。

不过这只是她自己的想象，她可不敢告诉大瓶这些，她还年轻，还不想死。

“别贫嘴，”电话那头的大瓶说，“给你一个小时的时间。”

电话挂断。

子青把这解释为最后通牒，而她不得不从。

不过，当子青从床上爬起来，完成一切洗漱步骤，对着镜子化好妆，她又开始感激大瓶没让她真的把这个周末浪费在床上。

窗外春光明媚的，实在不该辜负了。

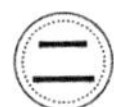

子青无法想象如果没有大瓶，她的人生会变成什么样子。

用醉生梦死形容可能略显夸张，但大概也差不多了。

有些人越是得不到他们想要的东西，就越会努力去争取；但有些人如果长久得不到，就干脆放弃了。

子青就是后一种。

她已经28岁，身材不瘦也不胖，长得不能算是天仙但也不算难看，而桃花运这种东西对她来说是没有的，若是几年前她还会憧憬未来，到现在她早已心如止水，并且接受了自己说不定会单身一辈子的事实。

这让她感到悲伤。

每一次在她刷朋友圈刷到小蝶现在充实完整的生活时，她心内都会涌起一股子说不出来的揪痛感。小蝶就像是一面镜子，反衬得子青的人生显得更加无聊和可悲了。

“这家茶餐厅是我上周发现的，你可以尝尝这儿的冰淇淋蛋糕。”

“你推荐的东西我绝对喜欢。”子青说。

这不是恭维，这是事实，虽然她跟大瓶的个性差了十万八千里，但品味却出乎意料地合拍。

“别肉麻，冷。”大瓶对子青的认可不屑一顾，她拿起菜单，叫来服务员点好餐，接着就开始教训子青颓废的周末生活。

“你不能这样，我说真的，”大瓶一边拿出手机一边说，“你得充实你自己，不能这么糟蹋你的生活。”

“我只是睡了会儿懒觉。”

“你在放任你自己，认真想，如果有一个帅哥正在等待你赴约，你还会睡得那么沉吗？”

“我一般不做这么让人伤心的假设。”

“鄙视你。”

大瓶摇着头，像是从心往外的痛心疾首。

有时候子青不是很明白，同样是大龄单身，为什么大瓶可以保持这么乐观的态度?

冰淇淋蛋糕被端了上来，子青下意识掏出手机，对着蛋糕拍了个照。

“我先发个朋友圈。”子青一边操作手机，一边说。

这个蛋糕是四层的，一层草莓果酱，一层奶油，一层冰淇淋，一层蛋糕，光是看起来就觉得很好吃。

子青把拍好的照片发到朋友圈内，配上的文字是“大瓶请吃的下午茶”。

当发送成功，她随手在朋友圈刷新了一下，率先映入她眼帘的便是小蝶刚刚发的家庭聚会的照片。

看照片上的背景，那应该是一家高级日本料理餐厅。这几张照片内，有的是小蝶一家三口，还有的是单独的某个成员或者某两个成员。所有这些照片里，一个最大的共同点就是他们每个人都是一张幸福的笑脸，仿佛空气中都飘散着温馨的味道。

子青的冰淇淋蛋糕就在这条朋友圈的上面，一边是温馨热闹的家庭，另一边是孤零零的冰淇淋蛋糕，这鲜明的对比让子青感到心酸。

“看到什么了？”对面的大瓶忽然说，“你好像深受打击？”

子青叹了口气。

“一个老朋友，正过着我做梦都想要的生活。”

“她去宇宙空间站吃太空餐了？”

“噗！”

子青差点没摔到凳子下面。

“这是哪儿跟哪儿啊！”子青哭笑不得。

“你做梦都想要的生活不是去宇宙空间站吃太空餐？”大瓶瞪大了眼睛，“我才是应该惊讶的那个。”

回到家时已经是晚上。

子青不禁在想，如果她今天没有被大瓶拉出去，如果她只是倒在床上刷着手机看到小蝶的那些照片，她今天的心情该有多沮丧。

当她躺到床上，查看手机信息时，发现她那张蛋糕图片获得了许多赞。她大致扫了一眼，发现点赞的人其中有一个是小蝶。

这大概是对她给小蝶点赞的回礼吧，子青心想。

现在她与小蝶的交往内容也只有这么多了，偶尔在对方的图片上点个赞，连评论都省了。

不得不歌颂伟大的信息爆炸时代，人们可以在完全不保持联络的情况下来保持微弱的联络关系，既不需要花费太多精力，又不会因为断开太久而彻底淡忘对方或是被对方淡忘。

许多年前，当子青跟小蝶还是一对亲密无间的朋友，两个人每天除了学习就是在一起吃饭散步聊电影时，那个时候社交网络对人们的渗透还没有这样无孔不入。

这一切都是因为智能手机的发展，当人们把社交网络从电脑转移到手机上时，网络对人们生活的覆盖程度显然有点超标。

若是放在十几年前，子青还可以自我催眠，假装看不到她与小蝶之间越拉越大的差距，现在她就算想催眠自己，那些随时蹦到她眼前的朋友圈信息和微博信息却无法被忽视掉。

她闭上双眼，打算一睡了之，就这么睡到明天早晨，接着又是新的一天。

但几分钟后，当她意识到自己无法迅速进入睡眠时，她再次拿起手机，打开了微信。

她翻找到小蝶下午时发的那条朋友圈，写上了一条留言。

“真幸福！羡慕！”

发送成功后，她终于松了口气，像是放下了一块悬在心上的石头。

第二天早晨，当她被闹钟叫醒，子青第一件事就是打开朋友圈，然后看到了一条来自小蝶的回复：

“什么时候也请我吃冰淇淋蛋糕？”

子青不禁笑起来。

她终于记起了当初为什么会跟小蝶成为闺密。

子青从来没想过那次玩笑会成为现实。

那是一个多月之后，一个周三的下午，她去给一个客户送文件，回公司的途中刚好路过上次去的那家茶餐厅。她有点怀念那家餐厅的冰淇淋蛋糕了，于是推门走了进去。

这就像是旧电影的场景，一个偶然的决定，带来一次出其不意的相遇。《卡萨布兰卡》中有句台词，这座城市有那么多的餐厅，她偏偏选择了我这家。子青此时就是这种心情。

她看到坐在窗边的第二张桌子上的那个女子，正是她多年不见的小蝶。

小蝶第一眼就看到了她，所以她没办法假装什么都没发生直接回头离开。

她硬着头皮来到小蝶面前坐下。

“嗨！”

“我还以为你这会儿在上班？”小蝶问。

“我是在上班，正要赶回公司。”

“那真巧，我也刚坐下！”小蝶笑眯眯地说，“你想吃点什么？我请客。”

“不是应该我请吗？”子青用开玩笑的语气说。

“那好吧，你请，我点好了，你点你的。”小蝶把菜单递给子青。

子青眨了眨眼，想说其实我只是随口客气的，不过她还是把这话咽了回去。

小蝶噗嗤一声笑了出来，“逗你的！说了我请就是我请，下次你再请！”

子青也笑起来。

她开始懊恼，明明她与小蝶可以随便开任何玩笑，为什么现在的她却在小蝶面前下意识拘谨?

“我是上次看了你的图片才注意到这家茶餐厅，”小蝶说，“一直想来尝尝这里的东西，但没有机会，真羡慕你能随时过来。”

“别闹，你这个人生赢家还会羡慕别人？”

小蝶的反应像是听到了什么天方夜谭。

“你说的人生赢家是指正坐在你面前的我吗？”

“不然？”

“这个几乎完全没有个人空间，整个人生都扑在老公孩子身上，连来茶餐厅都得挤出时间偷着来的我？”

子青一愣，这听起来可不像是她对小蝶目前生活的认知。

“可你目前过的是绝大多数人都在努力追求的生活。”

“我对这个‘绝大多数’很有异议。”小蝶说，服务生端上来一杯橙汁，小蝶把橙汁接过来喝了一口。

子青不知道是不是自己出现了幻觉，她看到小蝶脸上显出了一丝疲惫。

“如果时光能倒流，”小蝶说，“我真希望当初能没那么早结婚。每次在朋友圈看到你发的状态我都特别羡慕，可惜这种日子我永远都得不到了。”

“可我什么都没有。”

“你有大好的时光！”小蝶说，“你开心自在，不用为了迁就别人牺牲自己，不用放弃自己想追求的东西，不用面对各种让人心碎的生活琐碎，不用对付到处闯祸的熊孩子……”

接下来的十几分钟里，几乎都是小蝶在对子青控诉她生活中遇到的各种问题，这几乎颠覆了子青对小蝶生活的所有认知。

子青需要及时回到公司，不能在茶餐厅久留，当她离开时，小蝶决定再多坐一会儿，如小蝶所说，这样能一个人出来吃点东西的机会并不容易获得。

在回公司的路上，子青仍然在回想小蝶与她说的所有的那些话。

她很想告诉小蝶，她的生活并不值得小蝶羡慕，如果没有大瓶，她会用一整个周末来睡觉，当一个人在家时，她只能选择打游戏来排遣孤独和空虚。

但正如小蝶所说，她在朋友圈内展现出来的确实只是单身生活的自在和惬意。

当回到公司楼下时，子青忽然很想嘲笑自己。

她终于意识到，这么多年里，她与小蝶的关系之所以会淡化，说到底只是出于她可悲的自卑心理。但事实上，小蝶的生活并没有她所想象的那样完美，就如同她的人生也不是小蝶所说的那么潇洒一样。

到头来，原来大家都只是隐藏起糟糕的一面，伪造出一个虚假的光鲜表面，再对别人的光鲜表面羡慕不已。

第六章

整理身边的关系，留下值得珍爱的人

每个人都会感到孤独

挂上警局的电话，老齐觉得眼前发黑，脚下发软。哆哆嗦嗦的手拉开抽屉，拿出降压药，仰头咽下。

很久没有这样的情绪起伏，他显得有些难以承受。

叱咤商界多年，早就练会了不动声色。这辈子，经历过太多千钧一发的危难时分，他都走过来了。与他做过生意的很多朋友，都笑谈老齐那“定海神针”的本事，唯独这一次，他感觉撑不住了。

小镇里，没有人不认识老齐。都知道他有一所面朝大海的房子，美得像画册。

老齐是镇里的首富，厂子开遍祖国的角落。当年还没有“创业”这个词的时候，他就是商海里披荆斩棘的先行者。抓住了商机，找到了模式，成为了标准的商业大佬。

其实老齐也不算老，刚刚四十出头。

农村出身的他，很早出来闯荡，结婚也早，儿子小齐 21 岁。

老齐从不讳言自己的出身，经常在各种场合自嘲自己是农村出身，年轻时穷得什么也没有，从来不买新衣服，一双老皮鞋补了又补，出去吃饭舍不得点菜，在服务员的侧目下点一碗白饭，就着桌上的酱油吃。

在那样的日子里，赚钱，仿佛就是生活的终极目标，也是获得尊严的唯一方式。

有了钱以后，老齐发誓不让妻子和儿子受一点委屈，对他们有求必应。他从不相信什么“穷养儿，富养女”，只希望小齐每一天都开心。

直到此刻，他得知小齐竟然在吸毒。

二

意识完全恢复的时候，小齐已经在警局里待了十几个小时。眼前所有的人事物都清晰起来，他瞬间明白了自己的处境，忍不住在心里骂了一句脏话。

骂的不是别人，是自己，太不小心。

他看见了呆坐在一旁的老齐，仿佛一夕之间老了十岁。但他马上把目光别过去，不再对视。

跟随老齐回家的时候，他一言不发。

小镇很小，回家的路其实很近，但他感觉像是开了很久很久。下车时，老齐给他开的车门，有气无力地说了一声，"回去收拾一下，明天我送你去戒毒所。"

小齐忽然瞪起红红的眼睛："不用你送，我自己去。"

小齐是有些恨老齐的。

他此刻最难过的，就是不知道如何面对自己的妈妈。他用力咬了咬嘴唇，一溜烟跑上楼，将自己反锁在房间里。

何秀完全不知情，诧异地看着儿子的背影，"究竟怎么了，发生什么事了？"老齐叹息，摇头，不说话。

从记事开始，小齐就觉得，何秀一点也不幸福。

在他心里，妈妈就是精神上的寡妇，而他，就是精神上的单亲。

有一个有钱的父亲，但是那就像是一个影子。好像时时在跟着你，但也没什么温度，没什么存在感。老齐用银行存款上的数字来表达他对家庭的爱。可小齐觉得，这是莫大的讽刺。

生小齐的时候，何秀难产。医生下了病危单，孩子大人都有可能保不住，只有十九岁的小舅舅，哆哆嗦嗦地在单子上签了字。可那时，他亲爱的父亲在哪里？

母子二人闯过了鬼门关，小齐渐渐长大，从母亲嘴里和报纸媒体上渐渐了解到这位"隐形"父亲。他们相聚的时间，总是那样短暂，拥抱时，还没有暖到心，就分开了。

小齐最无法忍受的是，母亲几次生病，都是偷偷自己做了治疗或手术。虽然他年纪小，但是他懂得一个女人在那个时候是多么脆弱与无助。

她总是说，“不要告诉爸爸，他太忙了，有重要的事情做。”

小齐讽刺地想，重要的事，原来就是金钱。

同学们喜欢谈论他的父亲，因为他的财富。

所以小齐无论怎样努力，都能听到别人口中那个“富二代”。没有人谈论他的吉他弹得很棒，创作的音乐低沉而优雅，站在台上时像是一颗深邃而有光芒的星星。

他的老师们，都用那种异常关爱的眼神看着他。他不懂，那种情感是什么。直到有一天，他听到家里的司机在热聊，“你们说这世道有趣不？小齐的老师们，几乎都拎着各种礼盒来家里按门铃。”

这些小齐都可以忍受，可直到有一天，他拉着最喜欢的女孩的手，她轻轻对他说，“我毕业后可以到你父亲的公司工作吗？那是我一直以来的梦想。”他像是一头被忽然刺痛的狮子，用力甩开女孩的手。

他开始努力活得像个混蛋。

这世上没有比扮演一个混蛋更容易的事了，只需要花掉那些存款就行了。将它们变成车子、姑娘们的包，就看起来像模像样了。

更有趣的是，他变了，世界仿佛并没有变化。

依然有异常关爱的老师，对他殷勤的同学，故作矜持的姑娘，还有母亲的关爱，和久久不露面但是不断增加银行存款的老齐。

其实，小齐开始挥霍的时候，老齐竟然是有些高兴的。

妻子跟着自己辛苦许多年，早就养成了节俭的习惯，因此无论老齐怎样劝说，她都不肯出去乱花钱。后来，老齐每次出差，都吩咐助理去帮妻子买一些衣服、包和首饰，可是送给她，也很少见到她穿用。

作为男人，妻子与儿子花自己的钱。他这些年的孤独和辛苦，会更值得。否则，一切是为了什么呢？

因此，当他看见儿子小齐的朋友圈渐渐发生变化，竟然像个傻瓜一样安慰自己，“有炫富的资本，这也是我为儿子创造的条件。”

一个成功的企业家，被世人贴上财富的标签，甚至成为成功学的典范，被人仰望着。仿佛那是人人想要过上的生活，而老齐深深知道，这太苦了，与当年酱油拌饭的生活相比并没有好到哪去。

远离家庭，并不是老齐所愿意的。可是当企业渐渐做大，肩上的责任越来越重时，他的心里每天都压着千斤重鼎，无人分担，又不能放下。对待家人，又要举重若轻，那样的孤独，只有他懂。

市场日新月异，竞争与变化时时存在，没有哪一个大企业的掌舵者不是带着焦虑入眠的。

他不是贪得无厌的人。但他现在拥有几万员工，他要对这些员工背后的家庭负责，因此他绝对不能垮，需要永远维持在战斗状态。

他终是血肉之躯，不是机器。

在看到警察局那个蜷缩在角落里胡乱呓语的儿子，他流了几十年没有流过的眼泪，它们填满了他脸上的沟壑，随着他颤抖的面部肌肉，滴滴答答落下来。

警察局局长是他多年的老友，不禁也红了眼睛，拍了拍他的肩膀，“老齐，歇歇吧。”

送小齐去戒毒所的，是老齐的秘书米磊。

米磊跟着老齐干了十一年，可以说是看着小齐长大的。确切地说，他见小齐的时间，比老齐要多得多。每次出差帮小齐和何秀买礼物的是他，帮小齐每月存好银行卡的也是他，唯一一个见证老齐吸着香烟啃噬孤独的人，还是他。

老齐没有来，因为小齐坚持不要。

何秀没有来，因为家里还在隐瞒她。

她将儿子送出门，以为他要出国度假，千叮咛万嘱咐一定要注意安全。小齐低着头一一答应。

路上，米磊吩咐司机停车。

他和小齐下车，站在高高的河坝上，递给小齐一根烟。

“你的父亲已经将公司股权出让给员工们，自己留了3%，给你留了3%，一会儿签个字吧。”

“什么意思？”小齐诧异地看着米磊。

米磊告诉小齐，就在昨天，老齐忽然找到律师拟出了这份股权变更协议。看似突然，但米磊明白，这是老齐的一贯风格。想到了，就做到，绝不后悔。

这是要退出公司管理的意思。为了让公司更好，让所有人在离开了将军之后，仍然义无反顾地向前冲。他选择了这个做法，让为公司服务五年以上的员工每人持股，按照职位和工龄分配。

他们的努力，不只是为了公司，也是为了自己。

老齐相信，这是最好的安排。而他，终于可以歇歇了。

小齐拿着那份协议，递回米磊面前。

“这是他的决定，与我无关，我不签。”

米磊忽然流泪，“小齐，这么多年我们也算朋友，你真的要体谅你的父亲。”

米磊告诉小齐，每个人都是孤独的。单独面对漫漫长夜的，不只有他和母亲。一个父亲思念儿子的心情，也并不比儿子思念父亲要少。多少次血压升高住进医院，老齐都嘱咐米磊，不要让家里知道。

老齐和何秀，就那样彼此隐瞒着孤独与病痛，为的只是不让对方担心罢了。

米磊深深记得，那一次老齐拿着手机视频给他看，并骄傲地说，“这是我儿子在做乐队表演，吉他弹得真帅，比我年轻那会强多了。”

那时老齐脸上的表情，像个孩子。

就在昨天，老齐仿佛一夜之间想清楚了许多事，他告诉米磊，人生有很多维度，他要回归最缺失和最向往的那一部分了。

米磊将小齐送到了戒毒所，安排好一切才离开。

这里没有小齐想象的那样恐怖，甚至他莫名地感受到了一丝放松。

他靠在那里，想起了第一次接触毒品的情景。

他在酒吧里买醉，消磨青春，挥霍金钱。一杯鸡尾酒里，被人掺了东西。

小齐这样的富二代，是毒贩们眼中的肥肉。而现在，他上钩了。

恍惚中，小齐仿佛站在了一个无比巨大的舞台上。他兴奋地唱着自己的歌曲，身体与吉他一起摇摆。台下的人呼喊着他的名字，跟着节奏摇摆身体，快乐地享受其中。

在人群中，他看到一位特别的人，穿得像个老嬉皮士，但是真的酷毙了。小齐向那个人兴奋地招手，他竟然一跃跳上舞台，与小齐一同高唱。

是的，那个人就是老齐。小齐多么希望，这样的梦永远不要醒来。

小齐爱上那种感觉，一发不可收。

因为毒品，小齐拥有了各种美丽的梦境。

他那颗脆弱的心，仿佛找到了一个可以短暂安放的地方。

他如实对戒毒所的教员说出其中种种，每说一句，便痛一次，就像在剖开自己的内心。

教员告诉他，每个吸毒上瘾的人，都有一颗孤独的心。

他们试图寻找一种慰藉，最后彻底丢失了自己。而能够让他们接触毒品的，除了强制性的手段外，还有那颗愿意重新找回尘世温暖的心。

面对一个陌生人，小齐莫名地感到了信任。那一天，他们谈了许久。

结束时，教员给了小齐一封信。

小齐折起那封信的时候，天色已经暗淡。

他闭上眼睛，想起信上的话。

我总是在远处想念你，用我自以为对的方式爱你，原来却不知，只是你世界里的陌生人。那一天晚上，我以为世界就要崩塌了，我失去了自己的儿子。可是在那个警察局的角落里，我听着你含混不清的呓语，才第一次读懂了你。

我一直以为，那个在朋友圈里，开着跑车去兜风的孩子，是我用我的爱浇灌出来的幸福模样。

我为这样的愚蠢，感到痛心，感到后悔。

如果一切能重来，我希望能更早懂你。

而现在我能做的，就是站在你的世界的门口，静静等你推开门。

三个月后，小齐的朋友圈清空了所有历史信息。

一条最新的消息是：我推开门，也走进你的世界。

挥别错的，才能和对的相逢

看着小倩失魂落魄地坐在地上，看着银行账单发呆，陈平娜忍不住大声向她吼，“你看看你，还愣着干什么呢？报警啊！快啊！”

“可是……”小倩难过地吸了吸鼻子。

“可是什么？他是个大骗子！”

“或许……他不是有意这样做的。”

陪着小倩走出警察局，已经快到傍晚。陈平娜有气无力地说，“累死了，快请我吃饭。”

“我没有钱了，你请我吧，这个月都是你请我。”小倩闷声回答。

陈平娜不由得抱着头做头痛状，“天啊，我怎么有这么笨的朋友。”

说小倩笨，倒是不正确。她可是名牌大学的硕士生，供职于知名的跨国大企业。智商应该不会有什么偏差。可是，说她很傻很天真，倒是不冤枉。

陈平娜见证了她这么多年分分合合的几段恋情，每一段都让她十分憋气。曲终人散，她十分想送给小倩一个称号——渣男收割机。

话并非乱说，小倩的历任男朋友，真的一个比一个渣。

陈平娜印象最深刻的那位，也是让她恨得牙痒痒，很想群殴一顿的那位。他叫陈幻，最开始出现在小倩的视线内，号称什么后现代艺术家。

陈幻原来叫陈强大，他爷爷给起的名字。因为从小身体瘦弱，老人家希望他能长得壮实一些。很可惜，他一直瘦弱到成为人间祸害，也没能强大起来，自己改名为陈幻。

故弄玄虚，陈平娜冷笑着想。那套骗小女孩的手段，她当真是瞧不上。

不过，小倩却迷得不行，整天跟在人家后面，像坨橡皮糖。那一阶段，小倩恶补艺术史和艺术鉴赏，为了成功融入陈幻的朋友圈。

她总是一脸崇拜，端着手机给陈平娜看。小倩认为，陈幻的朋友圈特别炫酷，没有鸡汤，没有自拍，没有啤酒和串，都是各种作品、各种心得，格调真高。

她几乎会给陈幻的每一条信息留言，表达认同或是崇拜。

“你能不能矜持一点？”陈平娜劝她。

“不能，爱就是轰轰烈烈，就是义无反顾。”小倩倔强极了。

陈平娜曾经给小倩介绍过一个男朋友，是自己的同事金石。

小倩显然没什么兴趣，她说，翻一下金石的朋友圈就知道这是一个很无趣的人。都说有趣才是生活的调和剂，她对这种老实人不感兴趣。

金石很失落，但也只能无奈作罢。

“我看你就是受虐狂，谁对你不好，你就喜欢谁。”陈平娜无奈。

“不对，是我只喜欢优秀的人。而优秀的人当然有资格目空一切。”小倩摇头晃脑地解释。

陈平娜觉得，反正那个自诩艺术家的陈幻，不是什么好东西。

她跟小倩进行过辩论。

“作为一个男人，如果有责任心，他应该有谋生能力，去为你们的未来打算。”

“他是艺术家，和一般的男人不一样，李安的老婆，就养了李安很多年啊。”

“可是李安一直都在勤奋地拍电影，没有整晚整晚出去泡吧，还不带自己的女朋友。”

“我们彼此独立，那是他的自由，再说了，我相信他。”

“你花钱养着他，他跟别人出去玩，你不觉得蠢吗？”

“你总是钱钱钱，你不觉得无聊吗？”

越聊越僵，不欢而散。

渣男始终是渣男，尽管小倩不愿意承认。但是当艺术家放下画笔，向那个瘦小的女孩抡起他的拳头时，小倩还是恐惧了，她偷偷给陈平娜打了电话。

陈平娜带着几个人冲上门来，救下满身瘀青的小倩。金石也来了，他一边背起小倩，一边抹眼泪。

经历了艺术家之后，小倩痛定思痛，决定再也不找这种华而不实的花瓶。这不，转而爱上了骗光了她钱的下一任，陈平娜私下称他为“创业哥”。

创业哥的朋友圈里，一片正能量爆棚。西服，自信，勤奋，开拓。小倩顿时觉得，自己看到了一只优质的潜力股。

以前吃过的苦，微不足道了，都是为了这最后的相遇。

跟着创业男的结果，就是在人家已经刷完她的卡拍屁股走人的时候，她还完全不知情，找了三天才意识到事情不对。

“你傻吗？”

看着眼前狼吞虎咽的小倩，陈平娜又心疼又生气。

陈平娜认识小倩，也是跟男人有关。

那年她刚参加工作，带着客户去餐厅吃饭，意外看见一个熟悉的身影。走上前去仔细辨认，那男人的表情也僵住了。

男人是陈平娜的表姐夫，这就是外遇被抓包的戏码。当然，戏里还有一个一脸天真的小倩，一边切牛排一边吵着要去看电影。

这件事带给陈平娜很大的心理压力。跟表姐说，一个家庭就解体了；不说，也觉得对不起表姐。

好在，正在她经历内心拉锯战的时候，表姐从别的途径知道了这件事，家里大闹一场。

那是陈平娜与小倩的相识，本是带着一肚子怒气，但是经过了解，这个女孩只是单纯得可怕，完全被蒙在鼓里，说起来跟表姐一样也是受害者。

已婚男、暴力倾向的艺术男、骗钱的创业男，陈平娜不知道小倩还收集了多少渣男的品种。她只是真心为小倩的父母心痛，如果知道自己的女儿被这么多男人骗，真是无法承受的痛苦。

“以后我交男朋友，一定都先通过你批准。”小倩轻声说。

“我可负不了责任。”陈平娜嘴上不饶人，其实心里也明白，经历了这么多，受伤最多的，还是面前这个一脸无辜的小女孩。

这一阵子，陈平娜手上的项目接近收尾，所以加班特别多。每到无法陪小倩一起吃饭的时候，陈平娜就让金石去找小倩。

或许小倩一辈子也无法喜欢金石，但是做个朋友也不错。

说到照顾人，陈平娜最信得过金石。

送小倩去医院的那次，金石哭了好几次，他不能理解怎么会有人像畜生一样，舍得向这么弱小的女孩挥拳头。

他知道，他无法得到小倩的爱。可是看到得到的人却如此不珍惜，他心痛到快要裂掉。

项目终于告一段落，陈平娜也可以睡个好觉，休息一阵子了。

约了小倩，发现她状态已经完全恢复。

“看起来不错呀？”

“嗯，我的钱都找回来了，那个男的被警察找到啦。”

“哼哼，这次长记性了吗？”

“当然，我的娜姐姐。以后我谈恋爱都要向你报备，这次又让你担心了。”

“嗯，乖。”

“那个，娜姐姐……”

“干什么？”

“我想……向你报个备。”

“什么？”陈平娜本来还靠着椅背，一下子坐直了身子。

“不行！”陈平娜大声说。

“为什么，我还没说是谁呀？”小倩又是一副无辜的表情。

伤疤还没好，就忘了疼。陈平娜气鼓鼓地看着小倩，不知道该说点什么。

“说，又是哪个在朋友圈里装神弄鬼的骗子？”

“娜姐，我没有。”

答话的不是小倩，是刚刚推门进来的金石。

“你，你，你们？”陈平娜不可置信地看着眼前的两个人，有点语无伦次。

“娜姐姐，这阶段我没有饭吃，金石每天买菜到我家做菜给我吃，我觉得他好有魅力。”熟悉的神情，又回到了小倩的脸上。

“哪有，哪有，你太瘦了，要补充营养。”金石红了脸。

这世界是怎么了？

不过，这个结果虽然意外，但好像也不错。

陈平娜忽然打了个哈欠，站起身，“你们聊吧，我困死了，要去补觉。”

拉开门走出去的那一会儿，她听见背后的对话。

“你厨艺这么好，这么暖男，为什么朋友圈完全看不出来呀？”

“朋友圈里，都是缺什么才晒什么。我每天都做菜，成了日常了，就不觉得应该晒了。”

轻轻拉上门，陈平娜松了口气，“嗯，小金这人嘴一向很笨，这话倒说得蛮有道理。”

爱情，或许就是越挫越勇，就是不断受伤不断领悟。在遇见那个对的人之前，谁的情感路上没有几块绊脚石呢？

祝你好运吧，姑娘。

有些相见，不如怀念

一

在所有认识叶子的人眼里，叶子是一个彻头彻尾的独身主义。

但是与其他独身主义者不同，叶子并没有那种高冷的拒人于千里之外的气场；相反，她对谁都十分温柔，只不过当面对爱情时，她却总是以逃避的态度应对。

“我在想你是不是喜欢女人？”

“啊？”

叶子从略显杂乱的办公桌上抬起头，讶异地看着站在她跟前的长安。

长安是叶子在公司内认识的第一个同事，也是她最谈得来的朋友。他们兴趣一致，品位也相近，几乎已经到了无话不谈的地步。

当然，不可能做到真的无话不谈，不管怎么说长安都是男人，有些太过私密的话还是避讳些的好。

“我什么？”叶子问，她还是不大确定自己是否听错了。

“喜欢女人。”长安微笑，他笑起来甜甜的，又很清雅，就像是抹茶味的蛋糕。

他摆出一副善解人意的姿态，“没关系，我能帮你保守秘密。”

叶子几乎要翻白眼。

“你是从哪里得出的这个古怪结论？！”

“嗯，首先，你没有男朋友。其次，你拒绝所有联谊活动。最后，你每天跟我这个大帅哥混在一起，却完全不动心。”说到最后一句时，他笑得露出了白牙，从叶子的角度看来特别的好看。

叶子叹气。

她跟长安已经认识了两年多，两人却从来都没谈过关于她的感情生活，当然，长安倒是谈了不少他自己的故事，谈得有声有色。

她有一段隐藏在内心深处的情感，这份情感从它被尘封的那一刻开始，她便再也没有对任何人说起过。哪怕是对长安，她也做不到打开那扇被她牢牢锁在心上的门。

就好像，只要不去触碰，就永远都不会受伤。

爱情这个词对叶子来说，并不是虚无缥缈的东西，它有声音，有色彩，有画面，甚至有具体的细节。在叶子的世界里，关于爱情的一切，最终都只指向了同一个名字：赵小贝。

在叶子的印象中，赵小贝是一个永远穿着白衬衫的高中男生，平时最喜欢做的事情是坐在花坛旁边读书。而他并不是一个人在读书，在他身旁，永远有一个爱笑的女孩子在用电脑看着动画片，那个女孩子是正在读高中的叶子。

很奇妙的是，当你回想起记忆中那些最让你柔软的片段时，它们总是被染上一层金黄色，那是黄昏时分太阳从西边落下的颜色。

或许对许多人来说，十几岁的爱情才能叫作爱情，在那之后，任何被称作爱情的东西都显得不够纯粹了。对叶子来说，与赵小贝之间的一切都能作为对爱情的诠释，那是她第一次懂得爱情，也是她对爱情的唯一认知。

可惜的是，他们的分手并不是什么凄美的校园悲情，不是因为无法避免的毕业，也不是因为随着时间的推移，而仅仅是某一天，赵小贝忽然对她说，分手吧，我们不适合。

叶子也不记得自己究竟伤心了多久。她没有苦苦哀求赵小贝回到她身边，也没有付出一切努力去赢回他的心，更没有因此励志去过更好的人生，她只是沉浸在丢失了爱情的伤感情绪中，日复一日。

赵小贝从此成为了她心中的伤痛，每一次，当她在校园里瞥到赵小贝的身影时，她的心总会忽然抽痛，而对此，她完全无可奈何。

这种状况直到毕业后才被画上句点。

但这份伤痛却永远停留在叶子的心上，似乎永远都无法终结了。

“我不喜欢女人。”叶子斩钉截铁地回答了长安的疑问。

长安眨了眨眼，接着变得愁眉苦脸，他委委屈屈地说：“那就是说我完全没有任何能吸引你的魅力。”

叶子哭笑不得，她揉了个纸团直接打到长安的脸上，“傻瓜。”

长安装作受伤的样子，揉了揉自己被打到的额头，不过很快他又笑起来，他把上身朝叶子倾了倾，“那你是有什么隐蔽的恋人吗？不然没办法解释你的行为啊。”

叶子的目光变得悠远。

“我确实有一段不算短的故事，”她轻轻笑了笑，“如果有机会，我会讲给你听。”

“其实我不确定到底想不想听。”长安说，他微笑着刮了下叶子的鼻头，接着转身离开了叶子的办公桌。

叶子望着长安的背影，她并不是没有看出那背影中透着的隐隐的伤感，但她对此无能为力。

她的爱情已经被锁在了十年前的校园内，她无法把它移出那个世界。

叶子并不是个行动主义者。

如果她是，那么在十年前，她就会采取行动夺回赵小贝的心了。十年前她不是，十年后她仍然不是，如果她有一点点的改变，那么她也早就去想尽办法找到赵小贝，与赵小贝再续前缘了。

但也正因如此，使得叶子陷入了苦恼中。

她经常梦到从前在校园里的日子，当醒过来后，她却什么都没有。

但如果她永远不采取行动，那她就永远只能沉浸在这样的痛苦之中。她的爱情也永远都被死死封住，永远得不到释放。

当与长安谈过话之后，她意识到自己必须得做出些改变了，不然说不定就真的如长安所说，会一辈子孤单，甚至被当成同性恋。

网络时代有一个好处，那就是一个人只要加入网络，那么他就会变得有迹可循。

叶子打开了电脑，她开始搜索关于当年高中同学的信息。

经过百般辗转，她找到了一个发表在学校论坛上的帖子，在那上面，很多人留下了自己的博客地址，在其中，她找到了一个熟人，那是赵小贝的哥们儿。

她通过那个熟人的博客，又找到了他的微博，从他的微博上的关注列表内，叶子找到了赵小贝的微博。

叶子的手在发抖。

她在赵小贝的微博页面上点击了关注，接着立刻合上了电脑盖子。

她的心在快速跳动，她已经很久都没有过这样悸动的情绪了。往日的所有记忆和所有感觉都变得重新清晰，就仿佛那些都不过是昨天发生的事情。

她再次打开电脑盖子，她看到一条新的消息，点开后，看到是赵小贝关注了她。

她想起她的微博头像就是她自己。

她关闭了浏览器页面。

她开始怀疑自己这样做是否正确，而她知道，如果不这样做，她必然会遗憾终生。

不知为什么，此时她想起了长安，想起长安笑起来是那样好看，想起长安总是在泡咖啡时为她带上一杯。

她心烦意乱地摇了摇头。

第二天，她把这件事情对长安说了。

不仅仅是微博，更有她埋藏了十年的记忆。

“我从来都没跟任何人讲过。”

“那为什么跟我说了？”长安问。

“也许因为我们是朋友吧。”

“那你会去找他吗？那个……赵小贝？”

“我不知道，我的心有点乱，我想去找他，但又觉得好像不是那么回事。”

“无论如何，”长安拍了拍叶子的肩膀，“别给自己留下遗憾。”

叶子欲言又止。

这许多日子以来，叶子并不是不知道长安对她的情感。

他们是无话不谈的朋友，会交流来自工作和生活上的烦恼，也会交换彼此喜欢的东西。叶子已经把长安当作了她精神上的寄托，所以，尽管她知道这样会伤长安的心，却仍然选择了长安做她的倾听者。

有点残忍，有点不公平，却也别无办法。

“那个，”长安忽然开口问叶子，“你觉得你现在仍然在爱他吗？”

叶子觉得迷茫。

“我不知道，”叶子说，“但是每次看到与恋爱有关的东西我都会想起他，所以我想，大概是深爱之后的怀念吧。”

这是她能给出的，最为诚恳的回答了。

接下来的日子里，叶子刷微博的频率变得高起来。

每天，只要闲下来，她就忍不住打开微博，漫无目的地刷着首页。她的目光在每条微博上都只停留几秒，她知道，自己只是在寻找某个人的消息。

赵小贝在微博上算是比较活跃的人。他每天都会发几条，主要是他自己的生活状态，以及对一些作品或一些现象的看法。

叶子其实不是很关心他说了什么，她只是想看到一条他的消息，仅此而已，就如同十年前，她悄悄在远处望着赵小贝时那样。

有人说初恋不过是记忆的美化，当你真的见到了当年的那个人，你会发现其实他跟你想象中的完全不同。然而当叶子浏览赵小贝的微博时，她发现赵小贝还是她记忆中的那个赵小贝。

有点愤青，有点文艺，有点不顾一切。

这让叶子感到懊恼，而她甚至不明白自己在不高兴什么。

中午休息时分，叶子仍在刷着微博，而她耳边响起了那个熟悉的声音：“去看电影吗？今天晚上零点场首映。”

叶子抬起头，又看到了长安那张好看的笑脸。

她一拍头，“我差点忘了！天啊，我忘了买票，现在一定买不到了！”她连忙打开电脑浏览器，打算看看是否还有余票。

一旁的长安连忙说：“我已经买好了票，是最好的位置，就知道你可能会忘。”

叶子这才松开鼠标，放心地舒了口气。

“还好有你这个靠谱的！”

“你还在谈你的微博恋爱呢？”长安问。

“我？”叶子愣了愣，她实在不想把这些天的行为叫作谈恋爱。

“算啦，继续谈你的，我自己去那边黯然神伤。”长安开玩笑地说，接着转身离开。

而叶子假装听不出这话里有多少认真的成分。

她再次打开微博，看到一条私信，来自赵小贝。

“叶子？”

叶子叹气，她回复了一个字：“是。”

这些天下来，叶子对赵小贝的情感有了些微妙的变化，以致看到赵小贝私信她时她也不觉得有多么激动。

她也说不清楚这变化是什么，她只知道，当看到赵小贝的微博时，明明说的都是十年前的赵小贝会说的话，但却不再带给她那么多的感动。

她看到赵小贝又回复了她一条：

“你在哪里？”

她立刻回复：“B 市。”

“真巧，我也在 B 市，要不要找机会见个面？”

叶子当然知道赵小贝在 B 市，但她却从来没想过要与他见面，当看到他的这条提议，她的心中顿时一凛。

她忽然意识到，她根本不想跟赵小贝见面。

见面的话说些什么呢？当她想象那个场景时，她发现脑海中是现在这个工作干练、有明确理想和追求的自己，面对当年那个处于青春迷茫的赵小贝。

赵小贝还是当年的那个赵小贝，但叶子却已经不是当年的那个她了。

也许其实赵小贝也并不是当年的那个赵小贝了。

那样的见面，除了尴尬外，并不能给她带来任何东西。

她终于发现，原来她早已经长大，早已经脱胎换骨，她有她真实的生活，实在没必要活在记忆中。

下班后，叶子直接与长安一起走，他们要先去附近的咖啡馆坐坐，到午夜再一起去电影院看首映。

在咖啡店内，两个人讨论了一阵子对这个电影导演的看法，而当话题停顿时，叶子忽然说："微博恋爱结束了。"

"什么？"

"简单地说，我不会再跟赵小贝扯上任何关系了。"

长安笑了。

"怎么想通的？"

"就是忽然之间开了窍，忽然发现我早就不是当年那个懵懵懂懂的小姑娘了。"

"只有这样？"

长安有点失望。

"还有，"叶子笑起来，"忽然发现我的生命里正在发生一件非常美好的事情，我竟然因为沉浸在过去中而一直对它视而不见。"

"是什么事情呢？"长安问。

"比如我认识了一个笑起来非常好看的帅哥。"

叶子这样回答他。

谁的人生没有春夏秋冬

“我很好，我很好，我很好。”

早晨，当袁笑笑看着镜子时，她对着镜子里的自己重复说了三遍“我很好”。

就好像当她这么说完之后，就真的一切都会好起来了。

袁笑笑有一个人生信条，那就是世上没有过不去的坎，如果有，那么一定是因为你的步子迈得不够大。

所以，当她接到这个季度的工作项目时，她丝毫不认为这对她来说有多么难，尽管这个项目对公司未来的发展非常重要，尽管她还是个刚升主管不久的新手，但她相信，只要努力付出，就一定能完成任务。

从这一点上来看，她可以说是一个无可救药的乐观主义者。

不过这次的项目正在极大限度地挑战她的乐观主义。

比如这天她刚到公司就听到项目的美工说他要求延期。

“你不能延期！”袁笑笑整个人都紧张起来，“如果你延期，建模就要跟着延期，后期调试一系列就都得延期，整个项目都要被影响！”

“你有没有想过这个项目本身就有问题？！”美工恼火地对袁笑笑说，“根本就是为了占据竞争优势‘赶鸭子上架’，做出来的东西能有多好？”

“你有没有想过是你的态度不对？”袁笑笑也不甘示弱，“如果你对这个项目再投入一些……”

“我没办法跟你说了！”美工甩下这句话直接离开了办公室。

袁笑笑的头都大了。

她的确说过任何一个坎只要迈大步子就能走过去，但她忽略了一点，就是有的人未必愿意迈大步子。

而她必须去安抚美工的情绪，才能保证项目继续进行。

但美工的情绪她能安抚，她的情绪又有谁来安抚呢？

也许她的情绪就不需要被安抚，因为她是永远正能量的袁笑笑。朋友圈里是这样，现实生活中也是这样。

袁笑笑的午餐是在公司附近的必胜客解决的，她在那里跟朋友李小糖约好的。

准确地说，是她请李小糖吃饭，因为李小糖最近刚刚发现男朋友劈腿，正在失恋的情绪里。

“没有什么是一顿饭不能解决的，”袁笑笑把一块蛋挞放在李小糖的碟子里，“如果不行，那就两顿。”

“我如果能像你那么乐观就好了。”李小糖忧郁地说，她只是不停用勺子搅拌杯子内的奶茶，盘子里的披萨一口未动。

“你现在这叫及时止损，早日看到渣男的真面目，所以我这顿饭不是为了安慰你，而是为了祝贺你脱离苦海！”

李小糖苦笑出来。

“谢谢你，笑笑。”

她们都知道失恋的痛苦并不是那么简单就能摆脱掉，但对袁笑笑来说，她必须努力把李小糖从悲伤中拽出来，而对李小糖来说，跟袁笑笑聊一会儿天就已经是莫大的安慰。

因为袁笑笑就是这样一个人，她如同一个小太阳，随时准备温暖照亮每一处阴霾。

“对了笑笑，”李小糖忽然说，“你那个项目做得怎么样了？上次我听你说这个项目很重要。”

“那个啊，一切顺利。”

“顺利就好，我还担心会不会因为我的事情让你分心。”

“当然不会！”袁笑笑给了李小糖一个大大的微笑，“朋友的心情比较重要！”

而她刻意不去理会此时浮现在她心头的一丝阴霾。

晚上，袁笑笑回到家中时已经是接近午夜了。

因为她刚刚请美工吃了一顿饭，并用她的小太阳能量照亮了美工充满负能量的心，那顿饭结束后，美工信誓旦旦告诉袁笑笑他一定会按时完成任务。

当美工说出那句话时，毫不夸张地说，袁笑笑几乎觉得自己完成了一项壮举。

攻克技术上的难题还不算艰难，攻克人心才是最艰难的事情。

她又完成了一道难题。

回家时，她一路上都心情舒畅，并没有意识到哪里不舒服，但当回到家，关上房门时，她的头却忽然一晕，接着她就双腿发软，直接跌倒在地上。

她心中一凛，连忙想要站起身，但当她用胳膊支撑起身体，她的双腿只感到一阵酥麻。

她猜测这是低血糖的表现。

她扶着墙来到书架旁，拿了两块糖放在口中，接着走向床边躺了下来。

直到这一刻，她才真正感到了放松。

但这仅仅是身体上的放松，她的脑子里仍然不停在琢磨关于项目进度的问题。

她就是在这样半放松半紧张的状态下睡着的。

第二天早晨，当她睁开双眼，项目的进度又清晰地呈现在她脑海中。

她努力克服满身的疲惫，起身来到镜子前，看着镜子里那张已经显得焦虑的脸说了一遍：“我很好，我很好，我很好。”

当她刷牙时，她的脑子里忽然闪现了一个念头：如果这个项目不能按时完成怎么办？

她的浑身都打了一个冷战。

因为那或许意味着她职业生涯的终结。

她觉得自己还是不要想下去的好。

在公司门口，袁笑笑遇到了同公司的大学同学李悦。

"你那个项目做得怎么样了？"短暂的招呼过后，李悦问。

袁笑笑心中打着颤，她觉得怎么每个人都喜欢问她这个问题，她实在不想回答这个问题了。

"项目挺好的，肯定没问题！"袁笑笑自信地笑着说。

"加油吧！"

"谢谢啦！"

她们一起走进公司大楼，一同走进电梯，李悦的工作地点是 24 楼，而袁笑笑的是 15 楼。

在电梯内，李悦一直盯着袁笑笑看，这让袁笑笑觉得有点不自然。

"我之前没发现，最近你的眼袋怎么这么严重？"李悦忽然问。

"大概因为年纪大了。"袁笑笑说完又哈哈笑了两声。

"我是说真的，你最近休息怎么样？"

"你还不了解我吗？吃得好睡得好。"

电梯到达了 15 楼。

"拜拜！"袁笑笑走出了电梯。

当回到办公桌前时，袁笑笑刻意找来一面镜子看了看，发现自己的眼袋果然已经非常严重。

不仅仅是眼袋，她的整张脸都显得疲惫万分，也难怪电梯里李悦会不停朝她看。

这怎么能行呢，她可是永远正能量的袁笑笑，怎能被压力打倒？

她握紧了拳头，做了一个给自己加油的姿势。打开手机，在微信朋友圈发了一条正能量满满的鸡汤。

她必须保持强大，因为她是袁笑笑。

"我很好，我很好，我很好。"

袁笑笑已经连续半个月每天这样对自己说了。

但镜子里的那个人看起来并没有"很好"，相反，她已经越来越糟糕。

几天前在与母亲通电话时，母亲问起她最近怎么样，她的回答同样是"很好，很好"。

她从来没想过自己有可能会不好。

这半个月里，她已经经历了三次忽然晕倒，但好在每一次都没人看到，她都是自己再悄悄站起来。

她已经补充了很多糖分，不明白为什么还会一直低血糖。

在公司内，当她手下员工遇到问题时，她为了不影响进度，都是直接把问题接过来自己完成，这就导致了她经常加班加点工作，有几次跟朋友约好的聚会都被她直接推掉了。

她的头发开始大把往下掉，但她仍然告诉自己她很好。为了给自己洗脑，她再次发了朋友圈，为自己的生活贴上大大的乐观标签。

白天，项目组成员交给了她三份策划方案，需要她从中做出决策。老实说，她对这三份方案都不够满意，这让她头痛极了。最后她决定选择一个方案再由她进行修改，这就意味着她又要加班。

所以到了下班时间，其他人都离开了，只有她还留在办公室。

就在她忙着修改策划的时候，忽然听到有人敲响了她的房门。

她抬起头，看到是李悦。

"还没下班？"李悦问。

"有点内容需要完成，"袁笑笑说，接着她笑眯眯看着李悦问，"这么好心来看我？"

"其实是想找你吃饭。"

"那没办法了，你看，我手头有一堆的工作。"

“我来帮你吧！”

“不不不，不用，我一个人可以……”

“我是真心来帮你的。”

李悦走了过来，故作生气的样子，“别以为我不知道你正在经历什么。”

袁笑笑噗嗤笑起来，“我经历什么啦？”

“巨大的工作压力，”李悦换上正经的态度，“我都听说了，你的员工知道你赶进度，故意把工作推给你做，上面还不停给你施压，你真该照照镜子看看你都变成什么样子了！”

袁笑笑叹气，“谢谢，不过我真没关系，我能应付过来。”

“你不是非得一个人应付这些。”李悦跳坐到袁笑笑的办公桌上，“你有朋友，笑笑，朋友的作用不光是索取，还有付出，你完全可以把你的压力倾诉出来。”

袁笑笑揉了揉她的额头。

“我不想给你们增加烦恼。”她说。

“但朋友就是为了分担烦恼啊，连抱怨都不听的又算什么朋友？”

天色已晚，窗外能见的已经仅有夜色，在这样的时候，人们总是容易变得更加感性。

公司内已经没有别人，偌大的办公室内，只有安静的房间和办公桌旁正在谈着心的两个人。

袁笑笑忽然想哭。

她从没在朋友的面前哭过。

她可是小太阳，太阳当空永远都是晴天，怎么可以出现阴霾呢？

“我好像已经习惯了把所有烦恼都自己吞下去，”袁笑笑说，“其实我已经吞不动了。”

“那就吐出来！”李悦说，“不光是我，我知道你有很多朋友都很愿意替你分担，今天下午我联系了李小糖，她说她可以帮忙分担设计的部分，你不想把工作交给组外的人也可以，但至少别拒绝我们的关心。”

袁笑笑真的哭出来了，哭得很惨。

四

小太阳终于变天了。

那个永远只会撒播阳光的袁笑笑，一夜之间，忽然开始变得满腹埋怨。每一次跟朋友聚在一起，她都会不停地抱怨关于这个项目的种种困难。

但也正如李悦所说，如果连抱怨都不能听，又算是什么朋友呢？

朋友的意义就在于，你不需要永远在他们面前表现出最好的一面，你完全可以把自己最糟糕的一面也同样表现出来。

可喜的是，最后那个项目顺利完成了。由于赶时间而没能做到十分完美，但至少在市场上站稳了脚跟。

而当项目完成时，袁笑笑也重新回到了原本的小太阳状态，再次变得满满正能量。

"如果那天你没来找我，后来会变成什么样子呢？"有一天，袁笑笑这样问李悦。

"也许不会有什么变化，"李悦说，"你大概还是能顺利完成项目，你也跟从前一样，自己有什么困难都不跟别人说。"

"你觉得哪种更好？"

"你觉得呢？"

袁笑笑没有回答。

她只知道，那天之后，她才真正开始活得轻松。

第七章 你的努力，要配得上表面的光鲜

其实没有谁活得容易

当你睡眠不足又需要面对一大堆工作时，咖啡是个好东西。

所以，周扬一大早刚到公司就给自己冲了一大杯咖啡。

“有数据表明，经常喝咖啡的人平均寿命比不喝咖啡的人短5到8年。”在周扬喝下一大口咖啡时，这句话飘进了她的耳朵里。

她翻了个白眼，“也有数据表明，所有1990年后出生的人都没活到30岁。”

……无法反驳。

被塞到哑口无言的邓辉喝了一口他的清茶，他决定换下一个话题挽回自己的面子。

“所以你又熬夜了？”

周扬朝邓辉指了指自己的黑眼圈，“你猜呢？”

“同情你，”邓辉长长哀叹了一声，“不然你跳槽算了，在她的手下做事，早晚会被折腾出一身病。”

“我才做这个工作不到两个月。”周扬说。

“你知道她手下待得最久的助理做了多久吗？”邓辉朝周扬眨了眨眼，“不到半年。”

周扬倒吸一口凉气。

她知道在何铁手的手下工作不容易，但没想到竟然从没有人能坚持半年以上。

“所以，”邓辉继续说，“为了你的个人考虑，我建议你趁早跳槽。”

周扬没回话。

她的手里有一大堆工作，都是何铁手前一天交代下来让她两天之内完成的。这工作量虽然没有巨大到无法完成的地步，但几乎填满了她所有的工作时间和部分个人时间，也难怪其他员工经常对何铁手那么抱怨。

何铁手当然不是周扬上司的真名。

上司姓何，铁手只是员工们私下给她取的外号，是为了对她的铁腕政策表达不满。

周扬不是没想过跳槽，谁也不希望人生里第一份工作就遇到这样难搞的上司，但正因为这是她的第一份工作，她希望至少能在这个岗位上做出一定的成绩。

更何况，当最开始接受到这份工作时，周扬其实充满了向往。

早在她没来到这家公司之前，当她还在学校里读书时，她就已经知道何铁手这个人了。

她学的专业是新媒体，而何铁手所在的公司刚好是业内的顶尖，那天何铁手来她们学院做演讲，主要是讲现在新媒体的发展，并对学院同学们的未来职业规划做出些建议。

那一天，周扬从何铁手的身上看到了自己的未来。也是那天，周扬才下定决心，一定要去那家公司工作。

所以，当得到这份工作，并得知自己会成为何铁手的助理时，她简直欣喜若狂，当然，这份欣喜在她入职一周之后便全部烟消云散。

如今，她能感受到的除了疲惫，就只剩下疲惫了。

公司的员工光荣墙上，何铁手的照片放在最上面，照片上的她英姿飒爽，气度非凡。

周扬第一天看到这张照片时，满心都是羡慕和向往，但现在，每次看到这照片都让她火从心生。

她开始怀疑何铁手这一切的成就也许都是通过压榨下层员工得到的。

万恶的剥削主义。

“这个表格做错了，数值不对，你重新检查。还有这份文件，你自己都没读过吗？主题完全不对！”

周扬站在何铁手的办公桌前，尽力保持心情平静。这些是她用了足足两天时间，甚至加班完成的工作，就算发生错误也是在所难免，然而何铁手只用了几分钟的时间，就把她所有的工作贬得一文不值。

最后何铁手把几乎一半的工作丢回给周扬，送给她两个字：“重做！”

周扬一点都不想重做。

她压下心中的火气，拿着这些文件回到座位上。

坐在对面的邓辉用十分同情的目光看向她。

“我可能真的要跳槽了。”周扬轻轻地说。

但做出这个决定并不轻松。

这间公司曾经是她的梦想，能在何铁手的团队里工作更是她梦想中的梦想，她实在不应该在实现梦想的过程里放弃。但目前看来，做好这份工作比她想象得要艰难许多。

“明智的选择。”邓辉却对她的决定毫不意外。

“不是因为这个工作不好，”周扬压低了声音，她趴到桌上，朝邓辉凑近了，悄声说：“她到底有没有把别人当人看？对她来说是不是所有人都只是机器？”

“说个更气人的，”邓辉也趴到桌上，“你看到她的朋友圈了吗？”

“我屏蔽她了，怎么了？”

“你应该看看，她昨天买了一条新裙子，价格目测不少于三万。”

周扬愣了愣。

“什么感想？”邓辉问。

“……我不敢相信一个男同事竟然在跟我讨论女上司的新裙子。”

邓辉仿佛被噎到，这个话题在这一瞬间戛然而止。

周扬好笑地直起身来。

不过她的内心没办法做到同样轻松。想到就在她拼命完成何铁手交代的工作时，何铁手自己却在欣赏她昂贵的新裙子，这让周扬觉得气闷。

想到当初在学校时对何铁手的崇拜，她更是想回去打一顿当初的自己。

所谓的聪明优雅的女强人不过是外人看到的假象，只有真正跟她一起工作的人才知道，她的风光说到底根本不值得别人推崇。

短短两个月，周扬对这份工作的认识从一片光明变成了前途黑暗，而更让她懊恼的是，拜何铁手所赐，她将留下第一份工作只做了不到两个月的档案，没什么比这更糟糕的了。

虽说打算跳槽，但周扬还懂得做一天和尚撞一天钟的道理，尽管工作量繁多且要求严格，周扬仍然努力去把手头的工作做好，同时为自己寻找下一份工作，但接下来发生的事情改变了她的所有计划。

那天是周二。

意外的是，那一天何铁手并没有出现在办公室内。对于每天都准时上班的何铁手来说，这非常稀奇。

就在周扬纳闷的时候，她接到了上司的电话。

"去我的办公室把我的笔记本和笔记本旁边那个红色文件夹拿过来，你做好的文件也给我拿来。"

"拿……到哪儿？"

"省医院。"

周扬是打车去的医院。

何铁手在电话里没多说，她也没办法多问。当来到医院，她拎着装文件的包直接来到何铁手说的病房。

到了那里，她才终于知道发生了什么。

何铁手的儿子得了急性肺炎，是半夜发的病，幸好发现的及时，不然生命都会受到威胁。

昨天半夜，何铁手就带儿子来医院进行急救，现在虽然过了危险期，但高烧始终不退，必须住院观察。

“他爸爸呢？”周扬问，但话一出口，她就知道自己问了个蠢问题，她真恨不得打自己一巴掌。

好在何铁手没表现出不高兴，只是一边查看周扬给她的文件，一边轻描淡写地说：“他爸爸在出差。”

“那保姆呢？”

何铁手莫名其妙地看了她一眼，“你认为我会把急性肺炎的儿子交给保姆照顾？”

“呃，不，我的意思是……”

“我作为一个母亲已经很不合格了。”何铁手看了一眼躺在床上仍在昏睡中的儿子，不知道是不是幻觉，周扬觉得何铁手的眼里此时水润润的。

“我不能连这种时候都不在他身边。”

周扬有点哽咽，她正要说什么，就见何铁手拿起那份她正在看的文件，“这个不能这么做，缺少新意，做这行得随时保持目光敏锐。”

周扬简直惊得下巴都要掉下来。

为什么有人可以在母亲和女强人之间瞬间转换自如？

或许是医院的气氛多了些人性，周扬此时在何铁手的面前不那么拘谨了，这也让她开始控制不住自己的好奇心。

“你究竟是怎么做到的？”

“做到什么？”

“你得照顾你的儿子，还得做好工作。连儿子生病了你都得工作，很多人根本没办法坚持下来。”

何铁手看了眼周扬，接着她把文件放到一边，抬手摸了摸儿子的额头。

“只是不得不坚持罢了。”

这个回答有些出乎周扬的意料，她本以为能听到更励志些的话。

“当你想要得到一些东西时，你就得付出更多的东西。”何铁手这么说着时，她的目光仍停留在儿子的身上。

“你看看这家公司，在外面，有多少企业对公司的成绩眼红；在公司内部，又有多少人对公司高层的地位虎视眈眈？你看到光荣墙上那些照片了吧，你认为那些是荣誉吗？”何铁手苦笑着摇摇头，“那些是压力。”

“你才离开学校几个月，”何铁手继续说，“我不知道你能在这个公司待多久，但是你工作几年后就会发现，你职位越高，就越容易战战兢兢。”

“我知道你们背后叫我什么，我也不在乎这些。”何铁手握着儿子的手，满眼都是忧郁，“你问我怎么做到这一切，其实连我都不知道，因为如果做不到就有可能摔下来，所以只能咬着牙坚持。”

周扬觉得心里发堵。

此时她看到的是一个为了儿子的病而无法按捺焦急的母亲，因为工作的压力而不得不在儿子的病床旁边继续工作。

她不知道是该敬佩还是该同情，这一刻，她忽然理解了上司一直以来对工作的严厉。

何铁手的严厉并不是为了剥削员工，只是因为她始终紧紧绷着一根弦，这根弦导致她不得不严格要求自己和属下。

周扬和其他同事总觉得何铁手对员工的要求太过严苛，却没想过她对自己的要求更加苛刻。但也正是因为这样的严格要求，才使得他们部门年年都能拿到最好的业绩，才使得公司能保持在业界的顶尖地位。

也难怪公司的高层都对何铁手格外喜欢了。

何铁手足足在医院待了三天。

这三天内，所有的工作事项她都是在医院通过电脑远程布置的，必要时，周扬会直接把需要的东西送去医院。

周扬一共跑了两次医院，这两次里，何铁手的儿子虽然仍很虚弱，但状态是清醒的。

看到他一点点好起来，周扬自己也一点点放心下来。奇妙的是，周扬从前根本没见过这个小男孩，但这两天里，这个小男孩仿佛成了她人生里非常重要的小弟弟。

当回到公司，谈论起何铁手时，邓辉的反应是没想到何铁手竟然也能有儿子。

这让周扬有点不爽。

仿佛当一个女人过于成功时，她就失去了拥有家庭的权利一样。

三天后，当何铁手终于把工作地点转移回办公室时，公司内显然所有人都松了一口气。

“虽然何铁手总是让人压力特别大，”邓辉对周扬说，“但是她不在这几天，心里就好像没底了似的。”

周扬颇为赞同。

根据她的观察，公司内其他人也同样这么认为。

这让她想起之前何铁手在医院里说的话，当一个人职位越高时，就会面对更大的压力，这种压力并不仅仅来源于工作本身，更来源于公司内其他人对你的期待。这种期待既来自上面，也来自下面。

这些员工们平时总是私下吐槽上司，但又不得不仰仗上司。

“我不跳槽了。”周扬忽然说。

“啊？为什么？你有自虐倾向？”

周扬摇了摇头，“就是觉得这份工作得来不易。”

“可是你有一个魔鬼上司。”

“也没什么不好的，”周扬耸了耸肩，“我才刚离开学校，对自己严格点也没坏处。”

周扬说话间，抬眼望向何铁手办公室的方向。

就如同何铁手所说，当你追求一些东西时，就需要付出更多的东西。

没有人轻轻松松就能获得风光的生活，在人生里，每个人都很不易。抱怨和逃避都不能解决任何问题，你能做的也只是在生活需要你坚持时，努力坚持下去罢了。

当我们隔着朋友圈相互羡慕

一

到北京的六年间，魏伟换过七次房子。每搬一次，心碎一次。这是只有漂泊的异乡人才会懂得的滋味。收拾好几个行李袋，拉着一个皮箱，从一处辗转到另一处，无法安定。

刚来北京的那几年，他一直与他人合租，状况稍微好一点之后，就改为租公寓。并非是他不合群，而是来来往往的人，会让他加重那种漂泊感。许多人满怀理想地来，最后妥协而去，就像是匆匆过客，穿梭在他并不坚定的心底。

最初的梦想已经松动，但他，仍然有不愿放弃的理由。

魏伟供职于北京的一家互联网公司，月薪一万多。

他来自一个小城，在那里，人们觉得月薪过万是一件很酷的事，仿佛生活什么也不用愁，还能攒下一笔的感觉。魏伟无奈，但也不解释，和大多数漂在北上广的年轻人一样，他有一点点要面子，尤其可以让家人有些骄傲感。

事实上，月薪过万，除去高昂的房租水电，每天的伙食费、衣服、电话费、网费，几乎就不剩什么。每部手机用满一年的时候，他都要提防着换手机这件事，因为一下子几千元的支出，他都要列在计划内，并不能轻而易举地拿出。

这两年，全世界都在讨论北京的雾霾，父亲时而也会担心，问他，“环境真像网上说的那样严重吗？对你的健康有没有影响？”

父亲一辈子老老实实在小城教书，一套小学课本，翻来覆去讲了几十年。年纪大了，偶尔翻到一条新闻都是胡思乱想，所以他连忙解释，“没那么夸张，再说现在很多城市都有雾霾，总不能因为这个跑到乡村吧。”

挂上电话，深呼吸，下意识地摆弄着手机。

点开邹小胖的朋友圈，看到故乡那湛蓝的天空，还是涌起一丝羡慕。

他与邹小胖是从小到大的朋友，小学、初中、高中、大学，一直玩在一起。他们一同从老家考到北京，又都学了计算机专业。说是穿一条裤子长大的兄弟，也并不为过。

他总是嘲笑邹小胖小时候黑黑胖胖的样子，像个大煤球。

邹小胖则不在意地反讽，“别总拿过去说事儿，哥们现在比你还苗条。”

他以为他们会是一辈子的好兄弟，而今，却散落在两处，彼此远远看着，过着截然不同的人生。

烦闷时，邹小胖会在孩子入睡后，开着车出去兜一圈。

小城太小，兜一圈半个小时不到，于是反反复复，让大脑放空。

作为一个 IT 男，回到家乡，某种程度上就意味着大学专业的荒废。互联网的战场不在这里，他选择了回来，就是选择了归零的人生。

他还记得刚刚回来，领导看着他互联网专业的资料，跟人事嘀咕了几句，最后乐呵呵地说，“小伙子，在北京学电脑回来的，我们这争取让你学有所用，公司的六十几台电脑，你都负责吧。”

邹小胖心内十分震动，但没敢表现出来，笑着答应下来。

“唉，大学四年，出来干的其实就是网管。”

修电脑，做系统，后来又到修打印机、修投影仪，这就是当时那座小城对互联网的定义，他无奈，却也只能接受。

回到家乡，是他深思熟虑的决定。而一个成年人，就是懂得为自己的选择负责到底。

回老家也有很多好处，如果暂且忘记理想，日子过得舒适而安心。这里房价不高，所以没有房贷，他也能有一个宽敞的家，他和妻子的工资虽然不多，但是并无多余花销，都是日常使用。

工作的节奏并不快，他享有很多休闲时间。只是这里没有什么舞台剧、话剧、画展，只能逛逛公园、打打麻将，或者约上几个同事，喝点小酒。

很多事都是无法两全的，他懂得这个道理。

不过，他时而会去关注魏伟的朋友圈。

知道他在国内知名的互联网公司工作，接触最前沿的技术，并参与着社会进程的改变。每当那时，他也会想起自己上学时的热血。

他们都不知道，彼此在隔着朋友圈互相羡慕。当然，魏伟对小胖的羡慕，除了安稳，还有爱情。

大学时，魏伟苦追樱子，邹小胖没少帮着出力。

魏伟说，樱子有少女情怀，超级喜欢粉色，所以表白的时候，他一定要准备粉色蜡烛。邹小胖二话不说出去准备，还挑了适合的场地，将粉色的浪漫烘托到极致。

他看着好朋友那天十分正经地穿起了西装，在众人起哄下单膝跪地，献上粉色玫瑰，樱子咬着嘴唇，含羞地点头答应了。魏伟高兴极了，抱起樱子转圈圈，平衡没掌握好，差点两个人一起摔倒，还是邹小胖上去扶住了他们。

大多数女孩都会被这样的场景打动吧。可是邹小胖自己没有勇气这样做。如果角色倒置，魏伟帮他布置这样的场地，他打死也不敢去。

好多人在围观，他讨厌这种被注视的感觉。

三个人经常一起吃饭，一起打游戏，一起出去郊游。邹小胖老觉得自己是电灯泡，但是时间长了也就习惯了。

大三时，魏伟就决定自己要留在北京打拼，他对邹小胖说，学计算机，一定要留在北上广，回到故乡就废了。

邹小胖总是一副纠结的表情，“可是，父母在，不远游。”

或许在个性上，他们天生就是两种类型。

为了增加自己的就业竞争力，魏伟从大三开始就到处实习，薪水低没关系，加班也没关系，只要能够得到学习的机会，又能增加履历，他就愿意去做。

留在学校里吃饭的人，变成了邹小胖和樱子。

当樱子对魏伟提出分手的时候，他不敢相信，拼命追问原因，但是樱子咬着嘴唇快要哭出来，就是什么也不说。

纸包不住火，魏伟的室友忍不住告诉他，“邹小胖给你截胡了都不知道，他和樱子已经好上了。”

那一天，魏伟和邹小胖在宿舍楼下大打出手，两个人都挂了彩。

樱子听到消息连忙赶来，看到两个人坐在警卫室里气呼呼地对视。

“你总说要为将来的生活打算，为我们拥有一个美丽的未来而努力，我很感激你。但是相比未来，我更在乎现在，我无法去依恋一个连接电话都不耐烦的人，我更愿意给默默付出的人一个机会，他为我每天打水，半夜去小吃街给我买小吃，我阑尾炎的时候是他陪我在医院吊水，所以对不起，我必须要做出这样的选择。”

魏伟心如刀绞。他真的错了吗？用努力为将来的幸福奠基不对吗？等待，不应该是爱情里的元素吗？

转身离开的时候，他知道，他不只失去了爱人，也失去了兄弟。

当第一次听到“互联网金融”这个概念时，邹小胖有些兴奋。上网详细了解了一些信息之后，他高兴地对樱子说，“我的机会终于来了。”

在那个城市，没人知道“互联网金融”是什么，但是敏锐的思维让邹小胖觉得，在大城市里如火如荼的事物，在这座小城里也有着非常广泛的潜在需求。

像他和樱子，每年手里有一点存款，放在银行里利率不高，如果能以互联网的方式出借，真是很好的选择。

樱子不懂，只是告诉小胖，“什么事都稳着点来，咱不求大富大贵，只要平淡幸福。”

经过一番了解，邹小胖决定依托于某一家机构，在小城做一个营业部，他算了一下，如果能够掌握城里的核心用户，前景是非常可观的。

每一次搬家都是一次浩劫，收拾了三个晚上，魏伟终于可以休息一下。

因为总是租房，魏伟从不购买多余的物品，因为搬起来太麻烦。这一天，领导告诉他下个月可以涨工资，又涨了两千元。

他心情还是很好的，心想，等下次再涨一次工资，一定换个两室的房子，不然每次父母来总是睡沙发，心里很难过。他想叫父母睡床，老两口又心疼儿子睡沙发，因而觉得自己耽误儿子休息，所以会急匆匆地赶着回去。

魏伟心里不好受，他想，这些难关，一定要一步一步跨过去。

他习惯性地打开朋友圈，又不自主地点击邹小胖，意外地看见他如火如荼的金融事业，心里不禁泛起一丝担心，眉头皱了皱。

他知道，互联网金融的水很深，监管并不到位，极有可能出现问题。他甚至想善意地提醒一下，但是又讽刺地笑了笑，这么久不联系了，如何开口，再说了，瞎管什么闲事呢。

他其实很羡慕邹小胖的生活。

不必奔波劳苦，守着妻子和父母，有自己的时间和空间，内心一定很安定。而他，除了奋斗，什么也没有。

邹小胖很少晒樱子的照片，但是魏伟想，她一定过得很幸福，小胖是个很会照顾人的男人，这一点他比谁都清楚。或许，樱子当年的选择是对的，跟着自己，还不是拉着行李到处搬家嘛。

五

第一个月，邹小胖做了120万的业务。数字不算多，但是收入已经非常可观。

第二个月，他再接再厉，又做了近200万。心想着，下个月铆足劲争取翻一倍。

可是那一天还没有来，就传来了噩耗。

公司高层携款逃走，经国家有关部门查证，业务有大量违规行为，资产完全冻结。在全国范围内，无数人投资的钱一夜间化为乌有，损失巨大，引发了不小的舆论地震。

各种报纸、电视、网络新闻客户端，所有人都在探讨这件事。而邹小胖的世界，彻底崩塌了。

樱子哭得眼睛都肿了，慌乱得不知该怎么办。家人的电话不断打进来，还有邹小胖的客户们，几乎就差堵在门口逼债了。

邹小胖悔不当初，但也不知如何是好，他几天没有睡觉，一支烟接着一支烟。

他用沙哑的嗓子对樱子说，“对不起，我搞砸了。”

魏伟看到那条新闻的时候，水杯差点跌落在地上。当初的不安还是成为了现实，甚至比他想象的还要严重得多。

他在屋内踱来踱去，内心十分沉重。

两天以后，他的微信有新好友验证，加上来一看，竟然是樱子。

“你在北京，认不认识这方面的行家，这些钱，真的就没有了吗？”樱子用微弱的声音发着语音，魏伟听出了无助，听出了委屈，听出了悲伤，也听出了对小胖的爱和担心。

魏伟接连打了几个电话，得出的结论，和他心里想的那个一样。

如实告诉樱子，樱子久久没有出声。

当邹小胖打开门的时候，惊讶地张开了嘴。

“有啤酒吗？我带了熟食和下酒菜。”门口的正是魏伟，扬了扬手里的口袋，那一瞬间，仿佛穿越到几年前，他们一起混在大学宿舍里的日子，仿佛这中间的许多变故，全部没有发生。

那一天，魏伟和邹小胖都喝倒了。樱子扶完了这一个，又要照顾另一个，几乎没合眼。

他们坐在桌前，对往事一句不提。所有的情感都在，所有的真心都未蒙尘。

那一天，他们毫无保留地倾诉，才懂得，这对隔着朋友圈互相羡慕的人，其实各有各的幸福，各有各的困境，人就是这样，会忽视已经拥有的，介怀那些自己所缺失的。

魏伟告诉小胖，他甚至没有一个像样的衣柜，就是把衣服塞在旅行包和行李箱里，这样搬家的时候，不用扔东西，也不用费力气去搬。后来，听说一种“极简主义”的生活理念盛行，他就索性为自己贴上了这个标签。

只有自己知道，他的极简主义，是被生活选择的结果。

隔天邹小胖醒来，魏伟已经离去，留下字条，“只请了一天假，一会儿在飞机上接着睡。”

跟纸条放在一起的是一张银行卡，里面有三万多块钱，密码，是樱子的生日。

其实，生活的不顺会很快过去。

樱子与邹小胖东拼西凑，跟亲戚朋友借了不少，还完了每一个客户投资的钱。很多人说他不必如此，因为他也同样是受害者。可他憨憨地说：“做人嘛，还是不能丢了信誉，我犯的错，是要自己弥补的。”

巨大的经济压力下，邹小胖靠工资转不起来了，于是辞职做起了小生意。而他当时的客户们，都纷纷用实际行动支持了他。因为一个把信誉看得如此重要的小伙子，是值得信赖的。

他经常会给魏伟发微信，告诉他，“你小子别灰心，起码你的努力是正数增长的，而我，是先要把负数填平。”

魏伟回复：

“真奇怪，我依然窝在不属于我的小小公寓里，却莫名地感到了安定。”

生命在于自在

一

墙上挂钟上的时针已经指向了 10 点钟。

雪莉关上电脑盖子，她知道她必须得睡觉了，尽管不一定睡得着，但是她不能放弃尝试。

她稍稍洗漱了过后才上床，当躺倒在床上，她仍不放心地想要查看一下手机，看看有没有什么新的消息。

当手机屏幕亮起，她并没有看到任何新的消息，这让她感到了安心，于是她闭上了眼睛，希望能尽快找到周公去喝茶。

然而，快速进入睡眠对于她而言仍然是一个不容易攻克的课题。

她的脑海里有许多悬而未决的事件，比如她那篇写得一塌糊涂的论文，比如教授对她过于苛刻的评价，比如同学对她若有若无的排挤，比如由于身在异国他乡而不得不面对的种族歧视。

美国是一个开放自由平等的国家，但这并不意味着歧视的彻底消除，即使每个角落里都有为了平权而呐喊的声音，那些若有似无的恶意仍然存在于部分人的举手投足之间。

每每想到这些，雪莉总是觉得胸口发闷，以致让她患上了失眠症。

她并不是那种个性外向，到哪里都能交到朋友的人，而当身处在一个身边都是另一个人种的地方，她就更加束手束脚。

当然，她知道，她来这里是为了学习，学业一结束她就可以回到自己的祖国，但前提是她得先能熬过眼下这一关，而目前的问题是她可能连论文都无法顺利完成了。

对此，她无法向任何人求助，当打开朋友圈，她仍然只在那上面发表自己潇洒惬意的国外生活，这是她最后的尊严。

她再次打开手机。

这一次并不是为了查看消息，而是因为她实在无法入睡。

她开始翻看自己这一个月内发在朋友圈上面的照片，在手机屏幕里，那是一个活泼懂生活的留美女孩，当她翻看这些她曾经留下的足迹时，她几乎自己都要相信屏幕上面真的就是她本人了。自拍，已经成为一种自我安慰的方式了。

最新的一条是她在两天前发上去的，内容是关于对假期回国的期待。在这条的下面有许多条留言，多数是希望她能帮忙买一些美国的东西。

她并没有时间去帮他们买那些东西，就算有时间，疲惫的状态也使她没有足够的精力让她一家接一家商店跑过去。但她仍然在这两天内抽出时间去帮这些评论的人们买齐那些东西，这让她的论文进度又被耽搁了一些。

她也说不清楚自己为什么要满足这些人的要求，就好像他们的诉求比她的论文更加重要一样。

也许她满足的并不是这些人的要求，也许她只是在满足自己的成就感。

她闭上了双眼，她希望能尽快进入睡眠，因为再过两天她就要踏上归国的旅程了，在那之前，她必须得到充分的休息。

“我回来了，你的面霜什么时候过来取？”

“我帮你买到了那个奶粉，你过来拿吧。”

“你想要的原版书我买到了。”

……

雪莉不厌其烦地打着电话，这是她回到家做的第一件事，而其他与她一同回来的人们这个时间里都是在倒时差。

而她的妈妈只能选在她打电话的空档来问出一句关心。

“在学校过得怎么样？”

“挺好啊……喂！是欣欣吗？”

于是妈妈放弃了在她忙碌期间与她对话，继续去忙她自己的事情了。

当所有电话全部打完后，雪莉才意识到自己应该回房间去睡一觉。

雪莉一直都不明白，为什么留学生论坛里对代购的问题总是各种抱怨，好像给别人带点东西是多么困难的事情。当然，一个一个商店去跑，在许多商品中挑来挑去，为了买到正确的牌子多方比较，这个过程的确非常烦琐，甚至可以说让人疲倦，但当把这些东西一一交到那些需要它们的人的手中，这难道不是足够令人欣喜的吗?

无论如何，她很乐意做这些，这让她在留学生涯中总算找到了一点自我价值。

所以到了第二天，当她的小姨来到她的家中，对她百般赞扬时，那些令她无比受用的话语让她得到了极大的满足。

“雪莉真有本事，小小年纪就能去国外读书，毕业以后肯定能进大企业。”

小姨一边说着这些话，一边接过雪莉跑了三家商店才买到的奶粉。

“可别夸她，再夸就要上天啦。”妈妈笑着应承。

就在他们你一言我一语之间，雪莉的手机接到一条邮件提示。

她打开那封邮件，是她的同学给她发过来的，询问她关于作业相关的问题。

这让她的意识终于从云端飘落到了现实。

现实是她完全不知道作业该怎样做。

更深刻的现实是她这一整个学期都学得稀里糊涂。

如果有人看到她的期末成绩，会奇怪她在学校都做什么，甚至会怀疑她是否真的有去上课。

事实是她什么都没做，也没有逃课，她只是完全无法融入学习中。

她总是处在意识神游的状态里，无法集中精力学习，无法正常参与社交活动，甚至无法睡一个安稳觉。

这就是她在美国的真实状态，也是她拒绝承认的状态。

但这一切只有她自己才知道，在其他人的眼中，她仍然是那个乐观开朗，喜欢帮助他人的善良女孩。

小姨离开了她的家，而妈妈才终于收起笑脸。

“我早就跟你说过，出去就好好学习，别搞给人代购这一套，回一趟国要带这么多东西，烦不烦？”

“不烦啊，能帮助别人我觉得很好。”

妈妈叹气，只能丢下一句“懒得管你”之后继续去准备一家人的晚餐。

雪莉看了眼妈妈的背影，张开嘴想要说什么，但最后并没有吐出声音来。

她转身回到自己的房间，躺在了床上。

她感到胸口闷闷的，但又说不出是为什么。

最后她只能闭上眼睛，继续努力让自己进入一场她梦寐以求的睡眠。

与洛溪的见面是在雪莉回国的一周之后。

她跟洛溪是高中同学，也算是关系不错的朋友，每次她回国都会跟洛溪出去一起吃顿饭，而这一次她还帮洛溪带了一个对方最喜欢的原版玩偶。

她们约在了一个相对幽静的茶餐厅。

“说说你这学期过得怎么样吧。”

洛溪是个清瘦利落的女生，她斟茶的姿势十分优雅，雪莉一直想学，但怎么也学不来。

“过得很好啊。”这是雪莉能给出的唯一回答。

“很好算是什么回答？”洛溪放下茶壶，端起那个小玻璃茶杯，里面的红色花茶表面泛起了一圈圈的涟漪。

“我想听的不是你好不好，”洛溪说，“我是想听听你的状态，你学到了多少东西，你的见闻之类。”

雪莉感到有点发懵，她最不想谈论的就是这些，她不明白，她已经给洛溪带了玩偶，为什么洛溪还要问这么多。

她总不能说，她在美国的每一天都在与睡眠做斗争，每一天都过得浑浑噩噩，在学校时几乎听不懂教授在讲什么。

“学到的都是专业方面的东西，说了你也听不明白，每天都在学习，能有多少见闻？”

洛溪看了一眼雪莉。

洛溪是那种长得不算漂亮，但十分精神的人，她的双眼尤其明亮，当她用这双眼睛盯着雪莉看时，雪莉产生了一种深深的负罪感。

就像是一个心怀鬼胎的人不敢面对一个纯粹干净的灵魂。

“雪莉，”洛溪垂下眼睫，她的语调变得缓慢了，“你的状态看起来很不好。”

“只是因为时差还没倒过来。”

“你在疯狂给人代购。”

“我乐于助人。”

“你在慌张。”

“我在慌张？”

洛溪用那双如黑水晶般的双眼凝神看着雪莉。

“你疯狂给大家代购东西，就好像在掩饰什么。”

“你什么时候变成福尔摩斯了？”雪莉笑着问。

“我是认真的，雪莉，”洛溪说，“我还从没见过哪个人会那么喜欢给别人带东西，除非你是靠这个赚钱，否则你现在的行为就很成问题，你就像是……”

洛溪顿了顿，像是在犹豫是否该把后面的话说出来，而最后她像是下定决心般说出了后面的话。

“你就像是急于用这种方式来证明你自己，证明你是有价值的。”

雪莉愣住了。

这句话就像是一把锥子，在她那颗被她刻意冰封的心上划开了一道裂痕。

她痛恨为什么洛溪将她的状态形容得这样精准。

四

假期就快要结束。

整个假期里，雪莉始终处于一个临界边缘的状态。

表面上，她开开心心，充满正能量；但在内心中，她的慌乱却在渐渐扩大着范围。

她的父亲一直在外面忙工作，无暇顾及她，而她的母亲每天也只是在操持家务，腾不出时间来关注她的状态。即便她的母亲能够腾出时间来，也很难看出她有任何不对。

即将踏上回到学校的旅程，雪莉办好了签证，收拾好了行李。

而直到她收到同学询问论文相关的邮件，雪莉忽然再次想起了洛溪的那句话。那句话说出了一个事实，就是一直以来她只是利用给人带东西来证明她自己的价值。

那么当她回到美国，她将继续怎样的人生呢？继续浑浑噩噩学习，然后用其他不相干的事情，甚至是其他人都不愿意去做的事情来证明她的价值吗？

她感到心底一阵阵地发寒。

像是突如其来的勇气，她起身来到了母亲的房间，轻轻敲响房门。

门内传来一声“进来吧”。

她推开门走了进去。

“我在学校过得很不好。”她直接说。

母亲并没有表现出意外，仿佛雪莉说的话根本就在她的意料之中。

“过来说说吧。”她向雪莉伸出手，招呼雪莉到她身边去，就像小时候那样。

雪莉的内心有什么东西在这一瞬间破裂了，她立刻大哭起来。

她已经很久很久都没有哭过了，此时所有的委屈，她承受过的所有的一切都在这一瞬间爆发，她的泪水如泉涌般冲出她的眼眶，很快便淹没了整个脸颊。

她走了过去，来到母亲的身边。

"我的学业搞得一团糟，论文没写好，作业也没办法顺利完成。"

她一边哭着一边说出这些话，她不仅仅是在说出几个事实，更是在将那一切压在她心头上的东西倾吐出来。

母亲搂着她的肩，安慰地拍了拍。

"我猜就是这么回事，"母亲说，"之前我拜托洛溪问问你的情况，她跟我说你好像在学校过得不开心。"

雪莉哭得更伤心了。

她也终于明白了那天洛溪与她的对话是如何发生的。

"落下的功课可以再补上，这个没必要太当回事，"母亲说，"如果你再遇到什么不顺心的事就跟我说说，大不了也可以先休学一年。"

雪莉忽然感到自己的一切负担都在这一瞬间被卸掉了。

所有的苦闷，所有的抑郁，都变得无关紧要。

她觉得这天晚上她大概能睡上一个好觉了。

雪莉并没有休学。

那天与母亲的对话让她又有了新的支撑，她相信后面的学业一定能顺利完成。

回想过去的那一整个学期，她发觉自己其实已经有了抑郁症的倾向，但她太过于注重别人的目光，以致忽略了自己自身的问题，在恶性循环之下，问题却变得越来越严重。

也许应该少在意一些在别人眼中的形象，把更多的关心送给她自己了。

登机的那天是父亲和母亲一起送她去的。

在她的成长过程里，父亲很少起到什么重要性的作用，但当经历一些重要时刻时，父亲却每一次都是在场的。

"不开心了就回家，没什么大不了的。"这是父亲在她登机前送她的最后一句话。

这么简简单单的一句话，却给她吃了一颗大大的定心丸。

当坐上飞机后，在关闭手机之前，雪莉又看到了几条最新的消息，内容都是希望她这次帮忙在美国代买各种东西。

她直接关了手机，戴上耳塞和眼罩。

她的当下任务是要睡一个好觉，至于那些忙，她也许会帮，也许不会，总之那些都不再重要，重要的是她得先把更多的精力付出在她自己的身上。

那才是她出国留学的真正意义。

第八章

愿你的世界，还有向往的诗和远方

站在原地，向前看

寒门出贵子这件事，韩一平越来越不相信。

小时候，经常听村里人聊天，说起村里的某某某，考上大学有了出息，将一家都接到了大城市，改变了自己的命运。

许多孩子都是听个热闹，很快跑开去玩了，但是韩一平是真的听进心里去了，聚精会神听着不肯走。

老韩夫妇也看得出来这个孩子的心思，“儿子，你考吧，爹砸锅卖铁也供你上学。”老韩总是鼓励他。

而每当这个时候，韩一平都会觉得母亲的神情仿佛有些悲伤。

“娘，我考上大学把你们都接走，咱们不住在这山沟沟里。”韩一平猜想母亲是舍不得孩子远离，于是这样安慰。可那莫名其妙的悲伤，并未因此消散。

韩一平心理素质不好，一到考试就发挥失常。连着考了三年，分数都不理想。

村里的很多老人都不理解，跑到韩家劝说，“老韩啊，半辈子的积蓄都花在这小子身上了吧，现在大学生找工作也困难了，还是在家娶媳妇种地吧，早点抱孙子才是正事，实在不行，出去学门手艺也好啊。”

老韩吧嗒着烟袋，一声不吭，实在逼急了，就铁青着脸说，“只要平娃想读书，我就供，我乐意。”

第四年，韩一平考了个还不错的分数，被省里著名的一所大学录取，但是他报的专业分数要求太高，只能服从调剂。

韩一平看着父亲苍老的脸庞，毅然决定调剂，不能再复读下去了。

再说了，学校是名牌大学，只要自己用功，哪个专业都能学好。

开学前，韩一平上路的那一天。母亲哭得稀里哗啦，他忽然感觉心里也酸酸的。看着母亲因为劳累而瘦弱的身体，他咬着牙说，“娘，我走了，你别难过，我一定会有出息。”

大学四年，他一边打工一边读书，每年都拿到系里的奖学金。他心里盘算着，工作几年，可以将老迈的爹娘都接过来呢？

第一次买智能手机，韩一平踌躇了一个晚上。

打工的钱他都舍不得乱花，但是班级的微信群总是有各种通知，同学们也都通过微信来联络感情，他心一横，也买了一部。

同宿舍的人帮他加了许多好友，他兴致勃勃地翻看着，竟然一夜没睡。

每个人生来就有不同的命运。

他看到同学们截然不同的世界。有的人喜欢挑战极限运动，朋友圈里满是滑雪、潜水的照片；有的人喜欢美食，就会晒出各种菜式；也有的人喜欢晒女朋友，配上甜言蜜语虐狗。

韩一平仔细地想了很久，但发现自己好像没什么可晒的。

其实，韩一平不羡慕有钱的同学，但是他喜欢有文化气息的生活。比如班上的罗京，毛笔字写得特别棒，还看过很多书。在他的朋友圈里，有一间很大很雅致的书房。

韩一平觉得，那真是天堂一样的地方。

毕业季临近，韩一平无比焦虑。

他发现自己还是选错了专业，当然，那不是他自选的，而是调剂的。

他学的是社会学专业，如果能够考研深造是可以的，但是直接就业，几乎不会有哪个公司会招聘这个专业的应届生，就业范围非常狭窄。

拿着名牌大学的毕业证，但是韩一平发现并没有太多路可以走。

最后，他只能妥协。到一家电脑公司，从行政人员做起。

所谓行政人员，就是在公司里面打杂。韩一平是男生，所以搬来搬去的事情，都包揽下来。

有时在公司里盘点一下库存，整理单据，跑腿，给客人倒杯茶，最多也就是做个系统。

两年后，他发现电脑市场已经饱和得特别严重，效益已经一年不如一年。又过了一年，公司裁员，韩一平去了隔壁摊位卖对讲机。

他对寒门翻身这件事，早已丧失了希望。

老韩依旧以儿子为荣，到处跟人说，儿子名牌大学毕业，现在在大城市工作，做的都是高科技的事，乡下人不懂。话语间，带着炫耀。

村里也有人背地里议论他，“老韩就是不懂，他儿子的工作，高中毕业也一样做，多花了老头子多少冤枉钱。”

旁边的人跟着附和，“就是啊，这老韩太糊涂，何况这孩子……”

韩一平的同学们很团结，他们偶尔会聚会，有谁的公司需要批量采购对讲机，都会找到韩一平。甚至采购电脑、打印机，都会找他，让他赚一点外快。

一次喝醉了酒，他对罗京说：“你知道吗？如果我能选择，最羡慕的是你的生活，可惜我的命不好。”

罗京很动容，连连安慰他，“我的家就是你的家，随时欢迎你。”

韩一平很喜欢余华的《活着》，他觉得人对于苦难的承受能力是超乎想象的。就像书中的福贵，走过一重又一重难关，还是得活着。

他参加了四年高考，花光了家里的积蓄，为的是一个虚妄的梦。但是梦碎了，又能如何呢？还不是要低头向前走。

罗京偶尔路过会来找他，时而给他带来一些书。没有客人的时候，韩一平就坐在店里翻看。下一次的时候，罗京会把旧的带走，再拿些新书。

有好几次，韩一平看得出了神，没有留意到有客人进来，老板对此大有意见。

在出租屋里独自度过的夜晚，寂寞而无聊。韩一平忽然萌生了写作的想法，于是每晚都激情澎湃地奋笔疾书。

偶尔有满意的作品，就投出去。

渐渐地，真的有报刊和公众号开始发表他的作品。

四

如果有纸媒，韩一平总是会为父母带回去一份。老韩夫妇翻来覆去地看，恨不得睡觉时掖在枕头底下。

同学们也十分捧韩一平的场，每当有作品的时候，都会在朋友圈里转发。起码在朋友圈里，韩一平俨然一位冉冉升起的文坛新秀。

他的作品打动了一个女孩，她是罗京的同事，叫海欣。

海欣喜欢有才华的男生，尤其喜欢不爱说话，但是内心丰富的人。她觉得这样的人比那些相亲对象好上一万倍。

从遇见韩一平开始，海欣更是想方设法躲着家里给安排的相亲。

在文学作品里，爱情都应该是纯粹的，是不顾一切的。可是其实韩一平心里并不自信，那道现实的鸿沟，真的能够跨越吗？

说不动心，都是假的。

海欣就是他喜欢的那种类型。文静，真诚，有内涵。

但韩一平的自卑，让他总是唯唯诺诺。时而逃避，时而又流露出一丝情意。有时候，海欣急得快要哭出来，“韩一平，你可不可以勇敢一点！”

那一年春节前夕，海欣找到韩一平，“过年我要和你一起回家。”

韩一平皱着眉头，“别闹。”

“我要见你父母，告诉他们我是你女朋友。”海欣坚定地说。

“你可不可以不要任性，然后呢？你让我的父母欣喜若狂，然后在未来的某一天再跑来告诉我，对不起韩一平，我们家是书香门第，我爸无法接受自己的女儿嫁给一个农民的儿子，这样你就满意了吗？”

就是一瞬间，韩一平仿佛爆发了一样，噼里啪啦说了一大堆。话音落下，海欣的脸上都是眼泪。

他动了动嘴唇，想再收回一些。可海欣转身跑掉了。

“也罢，反正注定是悲伤的结局。”韩一平喃喃自语。

他失落地坐在沙发上，不再说话，却始终没有注意到，在不远处有一双含泪的眼睛在注视着他。

当韩一平在火车站遇见海欣的时候，气得不知道该说什么。

“你来干什么？不是走了吗？”

“我回去取包了。”海欣噘着嘴，小声答。

韩一平听了哭笑不得，想了想，反倒乐了。“好，你自己的决定，走吧，不要后悔啊。”

海欣乐得立刻跳起来，跟在韩一平的后面，拉着他的衣角，生怕拥挤的人群将他们冲散。

火车到站后，两个人又坐了一个多小时汽车，到了村子门口。

老韩夫妇见到儿子居然带了位姑娘回来，乐得合不拢嘴。海欣很懂事，叔叔阿姨叫得特别热络，还忙前忙后帮着洗菜、切菜。

韩一平看着父母亲脸上舒展的皱纹，心里不由得涌起暖流。

他向往的，他值得拥有吗？

过年期间，海欣在韩家住了三天。村子很多人都来看热闹，嚷嚷着韩家的准儿媳妇来了，是个漂亮大方的城里姑娘。

海欣看着那些好奇的老人们，有点不好意思，但也暗喜在心。

韩一平问，“这样落后的村子，你只在电视里见过吧？”

“确实是第一次来，但我觉得也挺好的，真的。”

“不后悔吗？”

“后悔我是小狗。”

韩一平温柔地笑了，拉着海欣的手。

“让暴风雨来得更猛烈些吧，明天我们就回去，到你家负荆请罪。”

海欣瞪着圆圆的眼睛，不可思议地大声说：“真的吗？”

“嗯，后悔我是小狗。”

那一天，海欣特地为韩一平家看院子的黑狗拍了一张图片，发到朋友圈，配文：从今天开始，你的名字叫后悔。

韩一平留言：傻样。

罗京留言：咦？有情况。

海欣留言：情况很乐观。

罗京留言：天哪，重大新闻。

韩一平留言：都洗洗睡吧。

第二天，韩一平早早起来，准备与海欣上路。他心中已经决定，无论结果怎样，他都要尽全力争取自己的幸福。

可就在两个人拉着行李，推开大门的刹那，竟然迎面看到上门的警察。

当韩一平看着母亲哭得晕倒在自己面前时，他的双手在发抖，完全接受不了这突如其来的事实。

二十五年前，没有孩子的老韩夫妇买下了人贩子手里的男婴，取名韩一平。如今，人贩子落网，供出当年罪恶，现实就这样残酷地揭露了出来。

海欣不知所措地看着韩一平，她的心一样慌张，她一边扶着老太太，一边将担心的目光投向韩一平。她不知道，他的心里能否承受这样的变故。

随着警察而来的，还有一对头发花白的夫妇，男的戴着金丝眼镜，一副严谨的模样；女的早已泣不成声，蹲坐在院子里的地上。

几天前，两人就已到过韩一平工作的地方，悄悄辨认自己失散二十几年的儿子。而他们正好看到了韩一平与海欣吵架的一幕，心如刀绞。

孩子这些年一定吃了许多苦，女人一度难以控制情绪，想要奔向前相认，被男人拉了回去。

破碎的缘分，在二十年后渐渐重聚，可是那时间的裂缝，要如何拼凑。

韩一平一个人待在小屋子里，想了很久很久。养父母被警察带走，生父母和海欣被他劝说，离开这里。他需要独处，需要安静。

命运是非常奇妙的，如果没有二十几年前的变故。他是出生在书香世家的男孩，可以受最好的教育，享受更好的环境。可这许多年来韩氏夫妇对自己的付出，依旧历历在目。

他的心，不能背叛他的情感。或许在人生的某个当口，他们做了错误且荒谬的选择。但是二十几年的爱与付出，是火热而真实的啊。

想起当年自己立志要离开乡村的模样，母亲那悲痛的神情，他忽然明白了其中的缘由。一件不属于自己的东西，总是不踏实的。

韩一平将小说的书稿拿给父亲看，秦明石的眼睛噙满泪水。

父子相认已经三年多，当时儿子恳求父亲，原谅养父母的一时糊涂，并希望他能帮忙交上罚款，让养父母免于受罚。秦明石明白，虽然出自寒门，但是这对夫妇还是教出了一个善良的孩子。

秦明石二话不说，照着韩一平的意思去办。面对妻子犹豫的眼神，劝解道，“我们错过的爱太多了，既然找回来了，就要用力弥补，不要再纠结于往事了。”

韩一平希望将这一经历写成小说，得到了出版方的大力支持。

曾经在相当长的一段时间里，韩一平觉得人生陷入了泥沼。从四次高考，到就业，到得知震惊身世，他的心里像是经历了一次次洗劫，快要喘不过气来了。

他想象中的人生，他真实经历的人生，他本该享有的人生，在他的脑海中交错着，乱成一团。

但是想着想着，也就通了。

站在原地，向前看。生活就是这样的简单。

“我觉得我很幸福，因为我有两个父亲、母亲，他们都很爱我。”

“不，明明是三个。”

韩一平侧过身子，看到海欣佯装生气的样子，不由得嘴角上扬。

找自己

北方的冬天总是在飘着雪，有时候是从天空上飘下来，有时候是从屋顶树枝上飘下来。

这样到处是雪的日子里，当你走在公园的小路上时，吸进你鼻腔内的空气总是充满着一种提神醒脑的清新感。

所以，当一个人头脑不够清晰的时候，可以建议他去冬天北方的户外散散步，那必然能给他带来全新的思维。

但白冰并不是为了清醒头脑才选择这个时间在公园散步的。

因为她无法做到让自己清醒，直到此刻，她只是漫无目的地走，从一个地方到另一个地方，当天色近黄昏时，她再回到家，为自己准备晚饭。

当她走累了，她会找一张长椅坐下来，看看周围经过的那些人们，看看他们正在经历着怎样的生活。

她看到有一对带着小孩子的年轻父母，小孩子只有两三岁的样子，正在开心地玩着地上的雪，父母则在旁边不住地担心，仿佛小孩子随时随地都会跌倒一样。

与她一同看着这一家人的还有一个坐在她身旁的老太太。

白冰今年已经47岁了，她身旁的这个老太太看起来却是已经七十上下。

老太太像是自言自语，又像是在对白冰说：“你看，人人都是从那个时间段走过来的。”

白冰点点头，她亲眼看着她的儿子从一个白白胖胖的小婴儿一点点长大，几个月前她亲自把儿子送去了大学，这期间的十几年仿佛转眼间便过去了。

老太太接着说，“一转眼就老了啊。”

白冰没有接话，她感到悲从中来，而她也知道生老病死都是最平常不过。

“你说，”老太太接着说，“人生在世，几十年就这么过去，到底是为了什么呢？”

当她说到最后一句话时，一阵风刚好飘过，那句话也就随着这风一直飘到了很远很远。

这让白冰想起在她生下儿子不久的那段时间里，她也发出过这样的疑问。

她从一个婴儿，成长为一个母亲，而今又将见证另一个婴儿的成长，这样的反复循环，究竟是为了什么呢？

那时候她来不及去回答，因为照顾儿子和家庭几乎填满了她的整个人生。

那时候如果有人问她是为了什么而活，也许她会回答，当然是为了儿子，为了整个家而活。

而那也正是她过去十几年里活着的唯一目的。

与许多传统式家庭的女主人类似，白冰的生活可以说是单调乏味的。当然，说乏味并不准确，因为家人能带给一个人许多的乐趣，白冰的丈夫和她的儿子对她关爱有加，使她的付出并没有白费。

尽管如此，她的状况仍然没有比其他的女主人状况更好一些，因为她仍然是把她的整个身心投入在家庭中，而对于她自己，她已经很早就不记得自己有过怎样的追求了。

在儿子读大学之前，她的日子被填得满满的，早晨，她要早早起床为全家准备一天的早餐，白天她要做家务，到了晚上要辅导孩子写作业，而当这一切全部完成，她就该上床睡觉了。第二天，一觉醒来，便又是与前一天几乎完全相似的另一天。

循环，循环，循环。

当一个人在同一个圈内转得太久时，他的脑子里便只剩下转圈这一个概念。

如许多家庭主妇一样，白冰十几年如一日过着这样的生活。

儿子进入大学的那一天，便是她的解放日。

那一天，当她把儿子送入校园，她开玩笑地说这个背了十几年的包袱终于可以丢出去了。儿子表示很委屈，他才不是什么包袱，他明明是妈妈的贴心宝。

贴心宝是没有错，但也确实如同枷锁一般把人牢牢束缚在家庭内。

所以当儿子终于独立长大时，白冰身上这副枷锁也终于得到了释放。

那时候她并没有意识到，那一天虽然是她一段艰辛的终结，但同时也是她另一段艰辛的开始。

起初的那些日子还算不错，她可以一觉睡到日上三竿，晚上可以看电脑看到后半夜一点，丈夫是个得过且过的人，也不在乎妻子在刚刚得到解放时的随心所欲。

然而，随着时间的推移，白冰的不适感开始逐渐增加。

她发现，原来她并不是真的想要一觉睡到大中午，因为她总是会早早醒过来，习惯性地去厨房做饭，晚上她又总忍不住去儿子的房间看几眼，仿佛那里还有一个高考生正在刻苦地复习功课。

而当她发现做出的早餐并没有人吃，当她发现儿子的房间早已空空如也时，她开始感到无所适从了。

就像是你空有一身力气，四周却只是一团又一团的棉花，你的拳头挥出去砸不到任何地方，憋得人心里直难受。

惯性是一种十分可怕的东西，一旦你习惯了做某件事，你便很难不去做，一旦你习惯了某个人在你身边，你便很难忍受这个人不在身边的日子了。

偶尔想动动手指发发朋友圈，竟然不知道发些什么。好像，生活就这样被掏空了，没有什么值得记录，也没有什么值得雀跃与分享。但生活总要继续，当你的心上出现了空缺时，你便得努力去把这个空缺填满。

白冰决定找一份工作。但当真正开始找工作时，她忽然发现，原来自己什么都不会。

连她最常做的家务活，她都不如那些三十出头的人们做得专业。

“她们在照顾小孩子方面都比我懂得多，”白冰对她的丈夫抱怨，“她们知道怎么给婴儿科学喂养，知道怎么锻炼小孩的体态，这些我竟然全都不知道，我到底是怎么把咱们儿子带大的？”

“早说了让你别去做保姆。”

“可是不做保姆我能做什么？”

“什么都别做，照顾儿子这么多年了还不觉得累吗？”

白冰无话可说。

她当然觉得累，但可怕就可怕在，原来累也能让人习惯。

当一个人已经习惯了疲累的生活，他便很难去过无事可累的日子了。

“这样吧，我给你指条路，”丈夫说，“你去跳广场舞，你看那群跳广场舞的人都跟你年纪差不多。”

“你还是饶了我吧。”

她是无聊，但还没无聊到会去跳广场舞的程度，更主要的是那些广场舞的配乐实在太不合她口味，每一次听到那些歌都让她心烦意乱。

但丈夫的意见的确给了她一个方向，她决定去报兴趣班。

她报了两个班，一个书法班和一个钢琴班，钢琴她一直都想学只是从来都没时间，书法可以修身养性。她一周去上两节课，其余时间可以自己在家练习，用来填满她被空下来的时间也足够了。

那时候已经是深秋。

书法班的老师是一个六十多岁的女性，是位退休教授，用她的话说，办这个班主要不是为了赚钱，而是为了能结交更多的朋友。

班里的其他同学有些比白冰年纪大，有些跟她年纪差不多，还有几个三十岁上下的年轻人，大家在私底下也时常聊一些有关各自工作和生活方面的话题。

“前几天我的一个学生来看我，”休息时，老师与其他同学聊着天，“这个学生特别优秀，写字也漂亮，他刚刚拿到纽约大学的邀请函，现在的年轻人真是了不得。”

“其实我们也一样可以，我还在申请留学呢。”一个四十出头的中年女人说，白冰忘记了她的名字，她身材很好，看得出一直有在保养。

“你呢？”老师忽然问白冰，“你是做什么工作的？”

“我……”白冰有点不好意思，她礼貌地笑笑，“我没工作，一直在家带孩子。”

“典型的，”另一个人插话，“牺牲自己成就家人，其实你看看，你牺牲这么多，得到了什么？”

白冰想说我得到了一个优秀懂事的好儿子。

但她又没办法这么说，因为这句话本身是不对的，因为她的儿子是一个独立的个体，并不属于她。

她把儿子培养成人，但那只是她为儿子做的事情，而不是她为自己做的事情，一直以来，她只是在付出，就她而言，她其实并没有真正得到什么。

这个事实令她感到一阵悲凉。

莫非这十几年的辛苦忙碌，都只是在为别人而活吗？

书法班的话题开始转向其他内容了，他们开始聊起一些有关时事的话题，白冰发现自己竟然连这样的话题都无法加入，因为她几乎没关心过这些。

她从来关心的都只是她的家庭罢了。

她很想哭，但她总不能莫名其妙就在这里哭。

白冰在兴趣班并没有坚持多久。

因为她意识到其实她对那些东西兴趣不大，钢琴虽然是她从年轻时起就想学的乐器，但当进入枯燥的练习阶段，她忽然变得失去兴趣了。

她不知道这是因为她早已经过了那个年龄阶段，还是因为生活早已将她的热爱消磨殆尽。

既然兴趣班不能填补空虚，她决定放纵自己去单纯享乐。

她开始把时间用来看电影，逛博物馆，逛剧院。

这些都是她在年轻时无比热爱的东西。

刚好最近的剧院正在上演《剧院魅影》，这个剧她曾经在电视上看过一部分，现在正好有时间，她可以去现场看看了。

她买好了票，来到剧院里坐好，坐在她身旁的是一对跟她年纪差不多的夫妇，两个人正在讨论这场戏的演员履历。

刚好距离开场还有段时间，那对夫妇从这一场的演员聊到上一场的演员，又聊到这出戏在每个国家每一个剧院的演员阵容。他们聊着他们之前的那些看剧经历，聊到五年前，十年前，十五年前。

白冰忍不住开始回想，五年前，十年前，十五年前，那时候她正在做什么呢？

她正在教孩子读书，陪孩子做作业，给孩子做饭吃。

到今天，这样的日子已经过去十八年了。

如果是十八年前，当她坐在这里，等待一场精彩的表演，那必定会使她兴奋万分，可如今，她只感到满身的疲惫和满心的空虚。

这十八年到底改变了她多少？

她忙忙碌碌的人生，究竟是过得充实了，还是被她彻底浪费掉了？

当其他人回忆过去时，想到的是那各种各样新奇的经历；而她回忆过去，看到的却只有她孩子的一个个影像。

中国式的父母似乎许多都是如此，他们自己的人生几乎等同于为孩子付出的人生。

剧目开始正式上演，台上演员们唱得精彩绝伦，当唱到高音处，台下观众无不为之震撼，白冰也随观众一起热烈鼓掌，但她却感受不到身边这些人们的兴奋。

她当然知道大家都在兴奋什么，她只是无法找回心中的那份激情了。

就仿佛在漫长的时间流转之中她的热情已经全部消散，如同水花般一点点溅出，再难将它们寻回聚拢。

原来许多东西你一旦失去，便再难以找寻回来。

从剧院里走出来时正是下午。

这时候已经是冬季了。

距离送走儿子已经过去了将近四个月，白冰的情绪也终于进入了最终的平稳阶段，也就是终于弄清楚自己正处于什么状态的阶段。

她终于明白，她不是没有找到适合自己的兴趣，也不是没找到能让她投入其中的事情，而是那些兴趣也好，热情也好，在她这里早已不复存在了。

那些造成她心里空洞的东西早已经消散，在许多年前便是如此了。

那时候，她的家庭和孩子占满了她的人生，从而赶走了她人生里原本存在的东西，而如今，她的孩子独立成人，丈夫也有自己的事业，那些曾经被赶走的东西却再也难以被寻找回来。

眼前这个两岁多的小孩子还在玩着雪，他把雪揉成一团，接着散落在地，然后继续把雪揉成团，接着继续散落。站在他身旁的那对父母一个在玩着手机，另一个在扶着孩子幼小的身躯防止他跌倒。

白冰忍不住在想，这个小孩子也会渐渐成人，他的母亲的人生会是什么样子的呢？是会像她一样几乎失去了自我，还是能继续努力成长，努力生活呢？

身边的老妇人仍在不住地呢喃，“我们活着究竟是为了什么呢？”

白冰踢了踢地上的雪，那天她发了一条朋友圈，“如果人生倒回，我不要丢失自己的梦想。”

记录生活中的美好

一

雨仿佛有脾气一样，不耐烦地冲刷着城市。

赵小露站在花店门口，用手遮挡在额头上，皱着眉头望着这湿漉漉的天空。

她的心情已经非常烦躁，而在她身后，又响起了让她更加烦躁的声音。

“赵姐，雨什么时候才能停啊！”

赵小露很想回头告诉这个弱不禁风的年轻女孩子，她并不是雷公电母，没有控制天气的能力。

但理智让她没有这么做，她只是转回身，用一种令人安心的语气告诉那姑娘：“放心吧，一会儿就能停了，实在不停你就住我家。”

“那多不好意思。”

“总不能让你这么漂亮的小姑娘自己顶着雨回家啊。”赵小露笑着说。

女孩没再说什么，只是甜甜地对她笑笑，接着继续修剪花枝去了。

赵小露暗暗叹了口气。

这个女孩，名叫菲菲的姑娘，虽然平时抱怨多了一些，但总还算是勤快，而她赵小露身为花店的老板娘，自然要负起安抚店员的责任。

只是她安抚了店员，又有谁能来安抚她呢？

这座城市并不算落后，起码该有的都有了，有电影院，有游乐场，有快餐店，也有高档餐厅，缺点大概就是小了点，城市建设松散了点，以及在这城市间穿梭的人们的生活节奏更慢了点。

可赵小露就是会莫名感到憋闷。

哪怕当她抬头望向天空时，都觉得这里的天空是那样低矮，几乎要压得人透不过气来。

当在这里停留的时间越久，赵小露就越会沉浸在自我怀疑中，怀疑她到底是吃错了什么药，要把她大好的人生埋葬在这样一个地方？

几年前的赵小露过的并不是这种生活。

那时候的她，由于所在行业的缘故，可以算得上是意气风发。她并不是什么白富美，但在那些年里，她过的生活跟白富美也没有太大的区别。

那时候她是一家奢侈品公司的采购员，由于行业性质的缘故，她每天都在与各种琳琅满目的奢侈品打交道，而她自己也用非常低的价格获得不少名牌首饰和包。她平时接触的人，也尽是些贵妇名媛之流，几乎上流社会的种种都被她看在眼里。

只不过，不论多么接近，她仍然不是那其中的一员。

不论她穿戴多少奢侈品，不论她与多少名媛们称姐道妹，还是无法改变她只是个采购员的事实。

因此，当面对未来的时候，她并没有多少漂亮的选择。

她的男朋友小辉是个普通的办公室上班族。

名媛小姐们能给赵小露无尽奢华的感受，但小辉却能给她最真挚的情感，也正是这份情感，最终促使赵小露告别了她这如踏在云端之上的生活。

那天，赵小露还记得，也是个下雨天。

那雨不大，淅淅沥沥的，小辉把她约去了一家快餐店。

她通常不会去快餐店那种地方，为了照顾小辉，她只好穿上她最不起眼的运动服，简简单单梳理了一下头发，然后才赴的约。

在那里，小辉告诉她，他决定辞职。

起初赵小露不敢相信她听到的，她以为小辉一定是发烧了。

但是小辉告诉她辞职回家是他一直以来的愿望。

“我在这里努力攒钱，就是为了有朝一日能回家开店，什么店都行，总之我更喜欢给自己打工，而且我喜欢家乡的生活节奏，这里的一切都太快了。”

听到小辉这么说之后，赵小露有些发懵。

她不想失去小辉，她完全无法想象没有小辉之后的生活。

见识再多的豪宅名车又怎么样，那些都不是她的，只有小辉才是她真正拥有的啊！

赵小露经历了一番颇为纠结的挣扎。

最后她决定与小辉一同回去，回到他的家乡。

她在这里过得很好，那么去了小辉的家乡她也一样能过得很好。

她几乎要被自己的满腔热血感动了，完全没意识到后来的生活让她有多么苦闷烦躁。

雨一直下到晚上七点多才算真正停下来。

菲菲是打出租车回家的，当她问赵小露如何回家时，赵小露只是笑着说你不用管我了，自己注意安全。

而当菲菲离开之后，赵小露的所有坚强都坍塌下来。

这家花店就是用小辉的积蓄开起来的，赵小露也很用心在经营，但是天不遂人愿，当遇到这样整整一天的阴雨天气时，她几乎做不成一单生意。

毕竟除了浪漫的傻子，谁会在大雨天出来买花呢？

小辉是八点多赶到的花店，当他到达那里时，赵小露已经趴在桌子上睡着了。

他轻拍了拍赵小露的肩膀，赵小露缓缓抬起头，睡眼蒙眬地望着她新婚不久的丈夫。

“几点了？”

“已经快八点了，来吧，把店关上，我们一起回家。”

小辉说话时，脸上是温柔而又怜惜的微笑。

当看到这微笑时，赵小露才想起自己放弃一切来到这里的原因。

回家路上，小辉开着车，赵小露坐在副驾驶位上。

“刚刚刷朋友圈时，我看见沈姐又在疯狂购物。”

“沈姐，就是老公养了个‘金丝雀’的那个？”

“你管人家养没养，”赵小露翻了个白眼，“沈姐的一条项链就能在这个城市买下一栋200平的房子。”

“那你认为她的生活很值得羡慕吗？”

“我没这么说，我只是陈述了一个事实。”

赵小露望着车外，那里迅速闪过的只是一些老旧的霓虹灯，与当初的香港街头完全是两个世界。

过了半晌，赵小露想起什么，她朝小辉头上磕了一记拳头。

“哎哟！干吗打人！”

“如果你敢找小三，我就废了你！”

小辉没说话，只是抿着嘴偷笑。

“我只是觉得，”赵小露把头放在椅背上，“落差特别大，这里太小了，天空太矮，楼房太旧，连人都是傻傻的。”

小辉没有回答她，只是兀自开着车。

一直到快到家时，小辉忽然开了口。

“但这才是真实的人生。露露，你觉得，现在的生活和当初的生活，哪个更真实？”

“我不想跟你讲这种没用的道理，”赵小露有点恼火，“无论如何，当初的人生让人非常满足，我连做梦都在怀念。”

这个话题算是到此终了。

当她显露出这样蛮不讲理的态度时，通常小辉就不会再讲话了。

四

抱怨归抱怨，生活却还得继续。

日子是她选的，她就得为此负责。

花店仍然在经营中，虽然生意不算特别景气，但总算也能让人填饱肚子。有时候她会庆幸当初选择的是开花店，至少当她心情不好时，这些花卉能稍稍安抚她烦躁的情绪。

改变她想法的是不久后，那算起来该是她来到这座城市与小辉结婚后的第七个月。

那一天，小辉忽然从店外闯进来，递给赵小露一张纸。

小辉风风火火的，直到他站在赵小露面前时，他还在喘着粗气，看样子是急急忙忙赶过来的。

赵小露狐疑地仔细看了看那张纸，发现那是一份订单，来自一家工厂。

而这是一笔报酬相当可观的订单。

“他们家决定重修厂区，由我们来为他们布置花圃！”

小辉显得颇为得意。

赵小露立刻兴奋地从座位上跳起来，不可思议地问小辉：“这么大的生意你是怎么拉到的？”

“你以为我一直在外面跑来跑去是在闲逛吗？”

赵小露几乎要赞美她伟大的丈夫，这订单可是非同小可，这是花店开张以来的第一笔上五位数的订单，虽然这连她当初做采购时每次订单的一点零头都比不上，但这是真真切切属于她的财富啊！

赵小露顿时变得精神百倍。

“我们得立刻联系种植园，”赵小露说，“还得策划好花圃的设计，这是我们店的脸面，必须打一场漂亮仗。”

她从未感到如此的干劲十足，她的心被一种奇妙的情绪充满了，这是前所未有的。

那场仗她的确打得非常漂亮。

赵小露一直是个有能力的人，当初在采购方面她就做得十分出色，如今自己开花店，她也同样出色。

而当收到订单尾款时，她也终于明白了当初为什么小辉要放弃那么好的工作而回家乡。

不仅仅是给别人打工与给自己打工的区别，最重要的是，在这里，他们可以完完全全地过上属于他们自己的生活。

五

订单事件只是一个开始。

当在业界留下优秀的口碑，后面的路就顺遂得多了。

平日里，赵小露和菲菲把花店门面做得漂漂亮亮，即便是没有买花意愿的路人也会进来看一看。在这方面，赵小露运用了许多她在奢侈品行业的经验，她知道一个漂亮的门面对一家店来说有多么重要。

她没有像其他花店那样，把店内店外摆得满满都是花，让人连落脚的地方都找不到，相反，她把花店打理得整洁干净，运用了许多装饰品，在这些装饰品的衬托下，那些漂亮的鲜花看起来无比名贵，让人看了就想拥有。

而小辉仍然在外面联系店外的生意，比如活动的装饰，小区的建设，等等。

很快，这对勤劳的小夫妻在这座城市里出了名，很多大项目的负责人都愿意找他们合作。

日子充满了甜蜜与成就感。

有趣的是，当赵小露望向天空时，她再也不觉得这里的天空有多么低矮了。她只感到一切都是那样亲切，那样充实。

一次闲暇时，菲菲忽然问起赵小露她过去的生活。

“听姐夫说，从前你朋友圈里都是电视上的那种阔太太。”

菲菲是那种天真又没什么见识的小女孩，当她询问时，她的目光里充满了钦羡和向往。

"她们的生活是什么样子的？"

赵小露不知道该怎么回答。

仔细想想，其实那些贵妇名媛的生活与其他人也没什么不同，也都是为一些普通的高兴而高兴，为普通的悲伤而悲伤。

"穿的贵一些，吃的贵一些，没了。"赵小露回答得轻描淡写。

"可我看电视上面，她们住的都是特别大的房子，"菲菲说，"为什么你要离开那么奢华的生活，来这个小地方开店呢？"

为什么呢？

赵小露自己也在想。

当然，一开始是因为小辉，因为她想要与小辉共同生活。

但是现在她无比庆幸小辉给了她这样的生活。

她知道，这远比那些每天只能靠逛街、打牌打发时光的贵妇们要有意义得多了。

"奢华，"赵小露说，"也只是别人的奢华。但生活却是你自己的生活。"

菲菲仍在困惑，但赵小露已经决定结束这段谈话。

因为她知道，不论多么明朗的道理，只有当你走到那个地方时，才会真正懂得。

第九章

别让朋友圈限制了你的格局

遗失的心

梁亮觉得，自己朋友圈里格调最高的就是幺幺。

上大学时，幺幺在寝室年纪最轻，所以获了这个名字。兄弟几个一直叫到现在。

幺幺是艺术生，画画极好，当年他的梦想就是做个画家。为此兄弟们没少笑他，说现在画家多数都饿死了，难怪幺幺都快瘦成麻杆了。他倒是不理别人怎么说，只是嘿嘿傻笑。

不过毕业之后，他还真走了这条路。

梁亮是心理学专业的，毕业以后听父母的话考公务员，成了一名狱警，当然，他是文职，负责思想教育工作的。

跟犯人打交道，也算学有所用，只是需要强大的内心。

梁亮从不把犯人看作是一个有道德瑕疵的人，这些犯人只是在一些瞬间丧失了情绪控制能力的人，在大多数情况下，他们与常人并无差别。

他与很多人成为了朋友，并跟他们约定。出狱后，一定要一起喝一杯。狱中不可以，犯纪律。

每天早上，他都将自己调整到元气少年的状态，然后精神抖擞推开办公室的大门。朋友圈里，他的文字，他转发的文章，都是正能量满满，起码在工作时间的八小时之内，他没有资格负能量。

每次刷朋友圈，他都对幺幺的照片竖大拇指。

绘画天分一定跟摄影天分有关联。一片天空、一份三明治早餐，球场里的一处杂草，都被幺幺拍得极有意境。

最过分的是，有时候两个人明明坐在一起吃饭，一样的饭菜。两个人的朋友圈里，截然两道风景。相比之下，梁亮照出来的，像狗食。

“你干脆活在朋友圈里吧，在那里你已经住在艺术里了。”梁亮说。

“你快从朋友圈里钻出来吧，无菌状态下待久了会成木乃伊的。”幺幺回击。

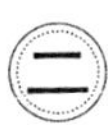

每个人的朋友圈，都是筛选过的人生侧面，那并不一定真实，也一定不完整。大多数情况下，那是我们愿意给别人看到的一面，甚至也是我们愿意看到的自己。

梁亮希望自己是个给别人带来希望的人。这是工作属性，也是个人使命感。从选择这份工作开始，就更加坚定了这个决心。

他不止一次对那些高墙内流下泪水的人说，“只要你愿意，什么时候都可以归零重启。心灵的监牢才更可怕，不要为自己设置心灵的监牢。”

每一年，都有人走进那里，离开那里。

梁亮知道，许多人走了，灵魂却留在了这里。他愿意替他们保管灵魂，以便有一天他们再重逢。

老李是梁亮在等待的那个人。

老李进来的时候，梁亮入职还不满三个月。望着眼前激情慷慨的孩子，老李笑了。梁亮诧异地看着这个老人，是的，他笑了，而且并不勉强。

那一天，是老李给梁亮上了一堂课。

“小伙子，给别人做心灵按摩，你首先要放松，不能紧张。沟通也不要太着急，第一次就权当混个脸熟罢了。你所面对的是刚刚被审判过的人，他们感觉被审判的不是某一个事件，而是自己的整个人生。这样的时候，他们不是一个可以正常沟通的对象，你也不要妄想收到立竿见影的效果。”

梁亮很想找个地缝钻进去，被犯人给上了一堂专业课，太逊了。

时间很漫长。

老李离开的时候，梁亮已经是有十一年工作经验的“老司机”了，能够很好地应对任何问题和挑战。而老李对于梁亮来说，有些特别的意义。

老李犯的是故意杀人罪，人最后没有死，被抢救了过来。

那人是他的小姨子，他妻子的亲妹妹。

事件曾经占据报纸头条一个多礼拜，因为老李是当地小有名气的企业家，财产殷实。婚变、金钱、阴谋，这些耸动的字眼撩动着人们的好奇。

梁亮从来不与犯人讨论事件的来龙去脉，除非他们自己愿意说。所以他和老李从未聊过相关话题，只是天南海北地聊天。

梁亮说，“其实出去之后你还可以东山再起，我相信你。”

老李说，“东山西山，都是过眼烟云了。”

梁亮不信，他暗暗在心里跟自己打了个赌。

每次有人叫幺幺“画家”，他都觉得对方是在挤兑他。

大多数情况，他没有猜错。

实际上他是个打杂的，有时也帮别人策展，但自己的画，也就他爹肯买。

梁亮忽然发现，幺幺的朋友圈逐渐转变了画风。

梁亮发现幺幺开始出入各类高级场所，与许多国内外知名画家参加活动，乱糟糟的发型规矩了不少，越来越有人样的感觉。

以前，宿舍兄弟里幺幺是随传随到的典范。一方面因为他没有早九晚五的工作时间，一方面他喜欢出来蹭饭，所以一有空闲，大家就喜欢叫上他。

而现在，幺幺居然约不到了。

幺幺想用自己的努力证明，自己可以在这行里混下去。他不想被人瞧不起，不想眼睁睁看着梦想流产。

四

梁亮见到老李时，老李正在给牲畜拌食。

他不敢相信自己的眼睛，也不愿承认跟自己的赌约已经输了。

两个人坐在院子里对饮，老李举起酒杯，“这杯酒，十年前就想跟你喝，等了太久了。”

一饮而尽，梁亮忍不住问，“你才六十岁，如果余生还有二十年，难道你愿意就在这里度过吗？”

六十岁，对于一个企业家来说，还没有到隐退的年龄。

经商是一种思维，即使十几年来社会发生了很大变化。但是梁亮相信，只要愿意尝试，他依旧能够做成事。

老李摇摇头，伴着习习晚风和两壶小酒，破天荒聊起了当年的往事。

生活远比电视剧要出人意料。

四十六岁那年，老李遇见佳荣，她三十七岁，未婚。老李称她为“大龄文艺女青年”。

佳荣会拉大提琴，还喜欢看画展，对艺术颇有自己的见解。

老李以为爱情这样东西早已不属于他，已经随着岁月渐渐燃为灰烬。可就是那样的不经意，竟然再度燃烧。

在老李眼里，一个快四十岁的女人，却仍然怀抱着理想主义，像个女孩一样天真，真是难得。他喜欢她的情怀，喜欢她的淡然，喜欢她如水一般的性格。

他竟然相信，并不是每个人都走在人生的单行道上，他已经遇见了知音。

相识两周年的那一天，老李说:“我想做一个重大的人生决定。”佳荣说:“如果是我能够想到的那一个，就不用说了。”老李点点头。

第二天，佳荣不见了。留下一句话，“收起你的决定吧，我走了。”

在朋友圈中，老李看到佳荣出了国，在欧洲各国辗转，感受艺术的浸染。照片上的她神态自若，似乎生活里没有一丝波澜。

他冷静思考了很多天，最后毅然拎着箱子奔向机场。

他们在法国再次相见。

佳荣说：“你来找我，那么我告诉你一个秘密。”

佳荣告诉老李。他们的相遇，是被刻意安排的结果。

老李的妻子想与他离婚，又不想因为过失而得不到财产，于是叫妹妹出主意帮忙。佳荣，正是老李妻妹的同学。

那一天，老李把盘子里的牛排快切成了饺子馅。

放下刀叉，他郑重对佳荣说：“你告诉我实情，说明对我动了感情，如果我依然愿意离婚，你同意吗？”

佳荣笑了：“你来找我，说明对我也动了感情。但是我有一个很严苛的条件，你愿意，我们就浪迹天涯；不愿意，我们各归各桥。”

佳荣的条件是，老李离婚，但是要把财产全部留给妻子。

只有这样，她才不是一个居心叵测的女人，他们可以轻身携手，与过去完全告别。

老李犹豫了一分钟。但是想到钱留给妻子，也便是留给了儿子，竟然一口同意了。

他们一起回到国内，老李与妻子办理了离婚手续，净身出户。

这段狗血的剧情，即将迎来结尾。

五

幺幺打来电话，声音疲惫。“哥，你在哪儿，我想喝一杯。”

四十分钟后，幺幺也来到了老李的院子。三个人怀着各自的心事，饮着同一壶酒。

“我终于可以办自己的画展了，可是我想放弃。那些被扭曲和阉割后的作品，我不允许它们挂上我的名字。”

“那你的妥协和努力，都白费了吗？”

“我还能怎么样，这真的不是我想要的。”

老李的故事也没有结尾，如果是那样，悲剧也便不会发生。

办好离婚手续之后，佳荣再次失踪了。电话关机，微信不回。再过两天，朋友圈的信息全部清空。

无奈之下，老李找到了前妻的妹妹，向她询问佳荣的下落。前妻的妹妹支支吾吾，一会儿说出国了，一会儿又说在封闭培训。就在她出去接电话的时候，老李却意外地看到了一件可怕的东西。

那是他儿子的亲子鉴定书，进行比对的另一个对象，是他公司的合伙人。他财产的拥有者，此时已经是与他毫不相干的人了。

真相呼之欲出，佳荣没有去角逐奥斯卡，真是可惜了这天分。

愤怒的当下，老李将刀子刺向了眼前的女人。

幺幺瞪大了双眼，酒醒了一大半。他悄悄拉了拉梁亮的衣角。心里默念，“天啊，杀人犯，杀人犯。”

梁亮拍了拍他的手，示意他没事的。

那一天，梁亮和幺幺合力将老李抬上床，开着车返回市区。

幺幺问，“你们真的是朋友吗？”

梁亮在脑海里迅速回放了一下十一年来他和老李聊过的天，“我觉得是。”

是不是爱情，是不是朋友，是不是梦想，本来便是自己说了算。

生活还在继续。

梁亮的朋友圈依然是一派国泰民安，幺幺的朋友圈恢复了生活美学。他经常到梁亮那里蹭饭吃，还向梁亮借了钱考教师资格证。

梁亮觉得有些可惜，但细一想，也没什么不好。

三年后，梁亮正在帮幺幺换狗食。微信视频邀请的提示声便响起来。

梁亮不耐烦地打开，视频的另一端，出现了幺幺那张脏兮兮的脸。“梁亮，我在法国看画展，你看这幅画，像不像老李。”

仿佛听到了主人的召唤，棍子一跃跳上梁亮的肩头，将脸凑向屏幕。

推开棍子的脸，梁亮分明看到一幅画。红色的叠加色彩，像是要窒息，也像是要怒放，那其中隐藏着一个男人的面孔，分明就是老李。

接着，幺幺将镜头移向画作的下方。

梁亮看见一行娟秀的英文：Lost heart——XIU，from China。

爱，自由与梦想

一

灯光暗下来，舞台上下都在瞬间变得寂静无声。

一切是如此静谧，但心跳声却变得越来越快，越来越剧烈。

一束灯光落下，打在一个人的身上，主持人喊出一个名字。

接着，如潮水般的掌声，在舞台下方爆发起来。

但很快，掌声落下，再次陷入静谧。

另一束灯光落下，主持人又喊出了另一个不同的名字。

掌声再次轰然响起。

明希的手心已经出汗，他从来都没有这样紧张过。

一束又一束灯光垂落在舞台上，照耀着属于这个舞台的幸运儿们。

明希不住地戳着手，他的心几乎要击打开胸腔了。

当又一阵掌声落下，只是忽然间，明希感到自己的眼睛被一道白光刺入，他几乎睁不开双眼。

接着他听见主持人喊出了他的名字。

“宋明希！”

明希几乎快哭出来了。

这么多年，这么多年了啊！

他为了生活四处辗转，依靠对梦想的坚持而一路走下来，此时此刻，他总算是熬出头了！

最后，所有的灯光再次亮起，明希看清楚了台下的观众，那些支持他的人们有些已经泣不成声，他们是最清楚明希是经历了怎样的艰辛才走到今天这个位置上的。

这档节目说是梦想的通天梯这一点都不为过。对这些闯过重重关卡走到最后一步的选手们来说，这将带给他们一笔巨大的财富。

于是，一个默默无闻的人，在此时此刻，变成了万众瞩目的明星。

明希并不是没有梦想过这一幕的发生，但当它真正发生时，那与他的任何一次设想都完全不同。

并没有什么苦难的日子在他眼前一一闪过，此时他只感到一种彻彻底底的释放，一种对苦闷的释放，一种对那些已经积累太多委屈的释放。

他哭了起来，并不是因为欢喜，也不是因为感动，而是因为曾经那些被压抑住的情感瞬间爆发。

他知道此时他的表现必然已经傻到不能再傻，但他并不能控制这个，他已经语无伦次了。

即便在许多年后，回忆起这一刻时，那依然是他人生里最为痛快的时刻。那天晚上他在朋友圈发了状态：感谢一路坎坷，感谢所有的深夜无眠，我终于等到了梦想绽放。

明希的生活发生了天翻地覆的变化。

许多赞助商开始找上他，一些小导演们也开始联系他，甚至还有音乐制作人抛出橄榄枝想要为他写歌，一时之间他有些应接不暇。

他能做的只是傻笑着一一接受。

于是接下来的日子，变成了各种跑通告，上节目。他和与他同样进入十强的选手们成了当下的话题人物，得到了许多社会关注，更是成为媒体的焦点甚至明希的家乡已经有投资者打算跟他合作开厂子、开饭店了。

与过去十几年驻唱歌手的日子相比，这简直是天翻地覆的变化。

为明希带来名次的是他的才华，他参加选秀的每一首歌都是他亲自创作的，那些歌里诉说着在他最苦闷的日子里，他寂寞而又悠远的心声，那些心声感动了观众们，也感动了评委。

其实，在宣布结果的那天晚上，明希心里想的是，他说不定能拥有自己的音乐工作室，说不定能有机会写出更多的歌了。

但可惜的是，这节目太火，热度太高，以致别人并没有给他留出写歌的时间，而是用各种采访各种活动把他的所有时间都填满了。

不过这样也不错，大概过些日子他就能写歌了吧，说不定还能跟业内顶尖的音乐人合作呢。

当然，在一天跑三个通告之后，明希还是觉得有点累，不过累点也就累点，总比过去无人问津的日子好啊。他在朋友圈安慰自己，“道路都是曲折的，目标从未更改。”

“你确定要用这首歌出专辑？”

录音室内，小胡子用狐疑的目光看着明希。

明希笑着点头。

小胡子算不上顶尖制作人，不过他在业内也算是有点权威，如果明希能跟他合作那也能成为一个不错的起点。

但是小胡子对他摇着头。

“我劝你放弃。”

明希有点愣，他问：“为什么？”

小胡子把样碟扔在一旁，他叹了口气，然后站起身，意味深长地拍了下明希的肩膀，说："我看你人不错才跟你说，你这歌不会有市场的。"

明希不服气，"这首歌就是我的一贯风格，观众们很喜欢啊。"

小胡子笑了，笑意中带着点讽刺。

"观众们喜欢的是一个多年无人问津的驻唱歌手的苦闷，人们总是很喜欢这种故事，一个默默无闻的人，有朝一日终于实现了梦想。哦，这不就是这档节目的意义吗？这个节目只不过让观众在为选手拉票的过程中获得精神上的慰藉。"

明希抿着嘴。

他不喜欢小胡子讲话的语气。

"他们喜欢我的歌，他们一边唱我的歌一边哭。"

"他们只是在感动他们自己。"

小胡子开始表现出不耐烦，"你听着，宋明希，我知道你想写出好歌，这值得鼓励，但是好歌，不是靠讲几个感人的励志故事得来的，一首好歌就在于，就算没有人知道作者是谁，仍然能听出歌里的感动，你觉得你的歌能做到吗？"

明希闭着嘴不说话。

小胡子却还在继续说："一首优秀的歌，目的是能让听者产生共鸣，而不是在讲唱歌者自己的故事来求得听者的怜悯，你得仔细琢磨。"

他把样碟塞回到了明希的手中。

宋明希躺倒在床上，他的脑子里混乱极了。

小胡子的话依然在他耳边盘旋，而他的房间墙上，正挂着他代言的小食品广告。

吵闹，吵闹，吵闹。

他觉得这个世界怎么那样吵闹，仿佛一点安静都不给人留了。

电话铃声忽然响起。

他的电话铃声是一个他十分喜欢的歌手的成名作，但最近这铃声响得太过频繁，以致他甚至开始对这首歌产生了厌恶的情绪。

他拿起手机，上面显示的这是他女朋友草儿的来电。

他忽然想起自己跟草儿已经有几个月没联系了。

他连忙抓起手机，按下接听。

“宋明希，我们分手吧。”

他差点把手机掉到床下。

“什么？”

“我说分手吧，虽然现在已经跟分手没什么区别了。”

“你在开玩笑。”明希觉得疲惫，他的生活已经够乱了，他不需要草儿再给他添更多的乱子。

“你认为我在开玩笑嘛？”电话那边发出冷笑的声音，“宋明希，你现在很红，这很好，我很为你开心，但也就因为你很红，现在我们已经变成了两个世界的人，你可以继续做你的大明星，而我也能继续过着我的小日子。”

“我根本不是什么大明星！”明希生气地大声对电话喊，“你知道吗？今天我把样碟拿去唱片公司，结果制作人对我说……”

“没兴趣听这个，”电话那头打断了他，“是真的没兴趣，好吗？顺便说，上个星期六是我的生日，我并不怪你忘记了它。晚安了明希，祝你每天快乐。”

电话被挂断。

宋明希觉得这一定是他生命里最糟糕的一天。

他并没意识到，其实更糟的日子还在后头。

五

距离选秀结束已经有一年了。

前三个月里，明希与同期的每一个选手们，他们都是各大媒体的宠儿，是各大节目的常客，是话题的中心。

接下来的三个月，娱乐圈已经有了新的话题，他们的名字很少被人提及了。

再后面的三个月，在任何媒体上都几乎找不到明希的名字。

而最后的那三个月，也就是明希刚刚过去的那三个月里，他几乎没有什么演出机会，除了为代言产品在商场进行宣传活动。

当初他与产品公司签下了两年的代言合同，这也意味着这两年里他都要遵守合约为公司的产品进行宣传。

他的名声是从节目中得来的，所以当参加活动时，他只能一次又一次讲那些参加节目过程中讲过的东西，唱以前唱过的歌。

明希并没有得到他想要的音乐工作室，他只是捧着旧吉他，从一个城市辗转到另一个城市。

不过他也并不是完全没有演出机会。

有一些小城市，他们请不起出场费昂贵的大明星，但当有活动时，又希望能制造出更多的话题。这时候这些选手们就成为了他们的优先选择。因为他们又有话题度，同时又不贵。

明希便参加了不少这样的活动。

当然，他只能唱那些在参加节目期间唱过的歌。

就如同当初小胡子对他说过的，观众们其实爱的并不是他的歌，他们爱的只是一个个被包装起来的故事带给他们的感动，如此而已罢了。

这日子并不比当初做驻唱歌手的日子好上多少，甚至可以说更糟了。当初在他最寂寞的时候，他的身边至少还有草儿，可是现在，他才真叫作一无所有。

而就在他最为憋闷的时候，他的手机接到了一条短信。

“嗨，明希，还记得我吗？我有一个朋友的弟弟最近结婚了，听说我能联系到你，所以希望你能去他们的婚礼上给唱几首歌，你有时间吗？价钱方面没问题。”

他当然记得，这是一个他曾经待过的酒吧的老板。

而他当然有时间，他巴不得能有这样一个增加收入的机会。

当婚礼主持人用许多花哨的词汇介绍宋明希时，他不知道是否应该庆幸，至少他还算是个小明星。

歌单都是写好的，都是当初那些歌。

其实这些日子里他写了许多新歌，但从来没有人给他机会唱。

歌单上除了他的那些歌，还有更多的是婚礼祝福歌，毕竟这是婚礼，唱些祝福的歌谣也算无可厚非。

当婚礼最重要的典礼部分结束，剩下的时间便是宾客们痛快喝酒，乐队们痛快演奏，歌手痛快唱歌。

可明希唱得一点都不痛快。

这就是他想要的人生吗？

一块鸡腿飞了过来，正好砸在他的身上。

他循着方向仔细看过去，是一个秃头的男人，在朝他没礼貌地喊：“小明星儿，嘿，别娘们唧唧的，唱首《好汉歌》怎么样？！”

明希的头脑终于变得清晰了。

这当然不是他想要的人生。

他低下头，拨弄了一下吉他，这音完全打乱了乐队原定的节奏。

“嘿！你干嘛呢！”鼓手朝他喊。

他没理会，他加快了节奏，拨弄了一段惊艳绝伦的华彩。

乐队停了下来，他们听愣了。

台下的宾客也听愣了。

当这段华丽的吉他独奏结束，明希重新弹起优雅的和弦，弯起眼睛，开始用他一贯的调子唱起来。

“当我还是一个孩子，我问妈妈，该如何得到天上的星星。”

这旋律是如此美妙，以致台下的宾客们都变得安静了。

“她告诉我说，你要爬到很高很高的地方。

“许多年后，我爱上了攀登的游戏。

“我努力爬啊爬，想要爬到最高的那座山。

“但他们告诉我说，要先去酒馆喝杯酒，酒馆里有漂亮的姑娘。

“我去喝了酒，一杯又一杯。

“我忘记了高山在什么地方，只记得酒馆的灯光五颜六色。

“我忘记了为什么要攀爬，只记得酒馆的姑娘有一条七彩的长裙。

“星星是那样美妙，可惜我忘记了。”

他唱到这里时，用一双柔和的眼睛看着在场的所有人，手中仍在弹着他优美的调子。

“山顶是那样美妙，可惜我忘记了。”

许多年后，当参加过这场婚礼的人回忆起这段经历时，他们仍然会说，那是他们听过的最棒的一首歌。

那一天，明希没有发朋友圈，但是他唱歌的视频被很多宾客争相转发着。

明希的日子并没有变得更好，也没有变得更糟。

他推掉了那些毫无意义的演出，他也知道，就算他不推掉，这样的演出也只会越来越少，因为再过上几年就不会有人再记得他是谁了。

代言的活动因为有合同存在必须得继续，但也仅限于此了。

他不知道自己是不是能成为一个优秀的作曲人，但至少他明白了一点，那就是一时的炒作并不能给他带来任何实质性的东西。

要想走好人生这条道路，他还得脚踏实地缓缓前行。

他摘下了贴在墙上的海报，也删除了保留在电脑里的参加节目时的视频。他的人生还得继续，他不能让一次炒作毁了他自己。

他抱起了吉他，他知道，这把旧吉他，才是他最忠诚的伙伴。

世界大于朋友圈

一

秦书不相信同事间会成为朋友。

这位典型的摩羯女，不懂浪漫，是个彻头彻尾的工作狂。她是一所教育机构的人事经理，从不与任何人有过多交往。

其实她知道，单位里很多人讨厌她，在背后议论她，视她为眼中钉，恨不得联手拔除。

她很委屈，可是并不想因此改变什么。

来到这里工作的第一天，她就清楚地认识到了一句话，“女人多的地方是非多。”

虽然这么说，好像自己不是女人一样。但秦书，还真的有点男孩性格。

教育机构里，清一色的年轻女教师，追求时尚，喜欢享受。这些，她都不感兴趣。

秦书出身贫穷。高中时辍学一年，在一家小小的麻辣烫店里打工，晚上收工后自学，在高三那年回到学校，考上了一所还不错的大学。

大学期间，她到处打工。除了一个宿舍的姑娘，其他同学几乎不认识她。

工作了很多年以后，她仍旧摆脱不了过去的影子。就像现在，她舍不得买什么衣服首饰给自己，总是一身工装，穿了洗，洗了再穿。看那些收入并不如她的女孩子，却背着名牌包包，用着大牌化妆品，每天泡吧、看电影。

要她把钱花在这种地方，她打死也不愿意。

这家教育机构并不是什么大公司，但是秦书很欣赏这里的老板。从一家培训学校，到现在的12家连锁学校，没有非凡的魄力和勇气，是做不到的。而且，这位老板是一位三十五岁的女性。

培训学校原本没什么人事部门，只有一位负责招聘的阿姨。后来渐渐壮大，才意识到制度化管理的重要性，因而设立了一些部门，秦书就是在这种情况下进入的。

很多资深的人事经理不愿意接手这种烂摊子，因为近十年的习惯，会让人事部门每实行一项举措，都会受到层层阻遏。

从秦书第一次接触考核开始，就深深感受到了这种艰难。

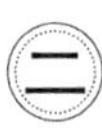

破坏某一个群体的既得利益，就会受到攻击，这是必然的。可是作为一家刚刚走上轨道的公司，每一个群体，都将走向重新定义和整理，所以，她成了全公司的众矢之的。

后来，秦书才知道，在她之前已经走了两任副总裁和一位人事经理，正是因为考核的事。

每天回到家，她都会疲惫地扎在床上。

老公在厨房里忙碌着，她真心感激他一路的呵护和支持。

她的朋友给她出主意，不能做所有人的敌人，那样工作还怎么进行，起码应该联合几个核心成员，才能活下去。

“怎么联合？”秦书傻傻地问。

“交朋友会不会呀？”朋友大笑。

秦书认真地想了想，好像还真不会。

可能是从小独来独往惯了，秦书显得不大合群。但是她决定为了工作可以顺利一些尝试着去这样做。

她试着加入聊时尚的队伍，发现自己一无所知，一件工装打天下的人，实在没有什么时尚心得可分享。聊八卦，她竟然也一副白痴的模样，很少看电视剧，回家倒头就睡，对演员家事毫不关心，秦书张了几次口，都尴尬地归于沉默。

那天回家，她下了很大的决心，看热门的电视剧，看时尚的帖子，看同事们朋友圈里发的新闻、段子等。

只是，交朋友，原来是一件这么辛苦的事吗？

刷了一晚上朋友圈，却依旧寂寞。不知道你是否有过相同的感受，但是秦书就是这样的心境。

就好像是放弃了许多自我，换得了一个幻象；也像是舍掉了许多自由，换得了束缚。

公布公司人事变动的那一天，好像大地震一样恐慌。

秦书宣布完毕，坐回座位。她感受到无数双怨恨的眼睛在盯着她。

很多人被开除或者降职，而这些人，当然都是与秦书朝夕相处的同事。

其实，秦书对这个决定是认可的，虽然老板提到的时候，她也有些迟疑。但是一个公司制度的完善，难免会淘汰那些不再适应规则的人。

而面对这样的现实时，秦书也没有办法以朋友的面孔面对大家，而只能是一个职能部门。

一个被辞退的姑娘，冷笑着走到秦书面前，“你太不会做人了，做人事的人都很精明，带着可以在多种关系中游刃有余的性格。可惜，你不具备。”

说完，那姑娘帅气地离开。

秦书分明听见很多人在笑，她知道，她们是认同的。

可是，作为人事经理，最重要的品质难道不应该是公正吗？

四

一个人一生中大概能交到的真正朋友是 5.8 个。

是的，你没有看错，这是心理学家的统计，一生只有 5.8 个。

秦书看到这个数字，想起了那段“交朋友”的往事，不由得笑了。数量如此珍贵，当然要极其珍惜。

后来的后来，她终于明白一个道理。朋友圈里，并不都是朋友，不论“三观”，不管规则，交友成本会变得无比高昂，并且不会收到好的结果。

朋友圈里热闹非凡，但大多是一个摆在那里的符号，能在深夜里出来喝杯酒的，也是寥寥无几。

一个赞，两句无关痛痒的留言，能温暖地说上几句话的，又有几人？

她不再刷朋友圈里的文章，而是将时间用来读书；她不再朋友圈里留言点赞，而是约上好友，点几个小菜，热聊一会儿；她不再纠结于是否能够融入别人的话题，而是坚持用自己的眼光看待周遭。

因为世界，真的不是只有朋友圈那样狭窄。

后记

如今，许多人对微信的依赖已经近乎一种病态，每天手指一划就仿佛浏览过了所有人的人生，这看似是与朋友在交流，实际上却是内心孤独的表现。人们在网络的防护罩下，试图谋求心理的平衡。

每天早晨起床，睁开眼的第一件事就是拿起手机刷微信；睡觉前躺在床上，又是拿着手机刷微信，即便手机“嘣嘣”砸脸，忍着疼痛也要继续看朋友圈。

现在，不仅仅是年轻人，就连很多中年人，甚至一些老年人都过着这样的生活，我们的一天始于微信，又终于微信，大家都是微信里的大忙人，却又都是现实中的孤独者。有人说“哥，刷的不是朋友，而是生活”，但更多人刷的却是寂寞。

现代社会的发展令网络通信社交日益便捷，人们忽略了技术的发展原本只是为了拓展交流的空间，缩短时空的距离。

人们在用网络沟通的同时，情感却越发退化，在人们低头玩微信的时候，却也成了人们最寂寞的时刻。网络沟通的虚拟让我们有了一种错觉：我们有一堆人陪伴，我们无须付出，既相互联系，又能相互隐蔽，“圈子”里的人真多，

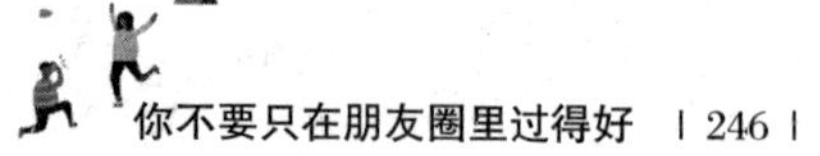

真正的朋友却很少。

本书精选一个个现实的小故事，主人公们各有各的选择和困境，他们是大世界的小缩影，更是每个人的真实写照，希望读过本书的寂寞心灵，能够找到一丝共鸣和慰藉。

图书在版编目（CIP）数据

你不要只在朋友圈里过得好 / 苏今著 .—北京：
中国华侨出版社，2017.6
ISBN 978-7-5113-6809-6

Ⅰ . ①你… Ⅱ . ①苏… Ⅲ . ①人生哲学 – 通俗读物
Ⅳ . ① B821-49

中国版本图书馆 CIP 数据核字（2017）第 113257 号

你不要只在朋友圈里过得好

著　　者 / 苏　今
责任编辑 / 千　寻
责任校对 / 志　刚
经　　销 / 新华书店
开　　本 / 670 毫米 ×960 毫米　1/16　印张 /16　字数 /235 千字
印　　刷 / 北京建泰印刷有限公司
版　　次 / 2017 年 7 月第 1 版　2017 年 7 月第 1 次印刷
书　　号 / ISBN 978-7-5113-6809-6
定　　价 / 32.00 元

中国华侨出版社　北京市朝阳区静安里 26 号通成达大厦 3 层　邮编：100028
法律顾问：陈鹰律师事务所
编辑部：（010）64443056　　64443979
发行部：（010）64443051　　传真：（010）64439708
网　址：www.oveaschin.com
E-mail：oveaschin@sina.com